Confessions of the World's Best Father
세계 최고 아빠의 특별한 고백

CONFESSIONS OF THE WORLD'S BEST FATHER

세계 최고 아빠의 특별한 고백

기발하고 포복절도할 사진 속에 담아낸 어느 딸바보의 유쾌한 육아기 데이브 잉글도 지음 | 정용숙 옮김

더숲
THE SOUP

사랑하는 아내 진(Jen)과

딸 앨리스 비(Alice Bee)에게 이 책을 바친다.

SPORTS
Brown rocks, Terps roll
WORLD'S BEST
FATHER
OUTLOOK

c o n t e n t s

앨리스와 함께 한 첫 번째 해

세계 최고 아빠의 탄생

3일째 : 기대하시라, 세계 최고 아빠!

태어난 지 3일째 되는 오늘, 드디어 우리 공주님을 집으로 모셔왔다. 앨리스 비, 어쩜 이리도 작고 사랑스러운지! 내가 이 아이의 아빠가 되었다는 사실이 믿기질 않는다.

딸아이는 아직 얌전하기 그지없다. 하루 대부분 시간을 고요하고 달콤한 잠에 빠져 보낸다. 그러다 이따금 깨어나면 엄마 품에서 꼼지락거리며 노는 게 전부다. 지금 이대로만 간다면 아빠 노릇쯤이야 순풍에 돛 단 듯 순조로울 듯하다. 오늘 아침 아내가 준 새 머그잔에 새겨진 타이틀, '세계 최고의 아빠'를 걸고 맹세할 수 있다. 나는 정말 누구보다도 좋은 아빠가 될 생각이다. 모두 기대하시라!

66일째 : 고생 끝에 낙이 온다

아빠가 된다는 것은 TV에서 보듯이 그렇게 간단하지도, 멋지기만 하지도 않다는 사실을 통감하는 요즘이다. 앨리스는 지난 9주 동안 밤낮으로 울고 보채며 끊임없이 쉬와 응가를 해대고 있다. 이제 나의 평온하던 일상은 온데간데없이 사라져 버렸다.

앨리스 비의 곁을 24시간 사수하다 보면 장을 보는 것조차 쉽지 않다. 결국 오늘 아침에는 커피 크림마저 바닥났다. 그나마 다행이라면 냉장고 한쪽에 아내가 딸아이를 위해 준비해둔 우유병을 내가 용케 찾아낸 것이다. 그나저나 이 우유는 대체 어디서 샀는지 아내에게 꼭 물어봐야 할 것 같다. 평소 우리가 즐겨 먹는 우유보다 약간 달고 진한데, 커피에 넣어 먹으니 맛이 기가 막히다.

SCHOOL HOUSE ROCK!
BreastMilk
WORLD'S BEST FATHER

199일째 : 점점 길들여지는 나, 점점 자립하는 앨리스

지난 몇 달이 어떻게 지나갔는 지 모르겠다. 하지만 이제 우리 집에도 서서히 평화가 찾아오고 있다. 상황이 예전보다 확실히 나아졌다. 이젠 스포츠 신문을 읽으며 여유로운 커피 한 잔을 즐길 수도 있으니까. 아내가 앨리스를 위해 준비해 두는 그 특별한 우유에 길들여진 나는 이제 전에 먹던 커피 크림은 쳐다보지도 않는다.

하지만 진짜 빅뉴스는 이제 우리 아기가 엄마가 없는 동안에도 혼자서 잘 지낸다는 것이다. 우리 딸내미의 독립심을 축하하며 아이 나이에 딱 어울리 작은 폭죽을 한 꾸러미 사주었다. 병 로켓과 값나가는 M-80 헤드셋은 세 살 때까지 기다리기로 앨리스와 나는 합의를 봤다.

The Washington Post
SPORTS
WOMEN'S WORLD CUP ROUNDUP
Lackluster Germany advances
NBA says it will lock out players after 11th-hour negotiations collapse
Will they consider trading one of the young guns?
Will Varlamov return to the net?
Will they pursue a second-line center?
Will Tom Poti, if healthy again, still play a role in the defense?
LET'S PLAY 2
SAT, JULY 2
DOUBLEHEADER
3:35 P.M. & 7:05 P.M.
PIRATES VS. W
CAPITAL CITY VIEW SEATS
STARTING AT $10
PATRIOTIC T-SHIRT
PRESENTED BY THE WASHINGTON POST
FIRST 10,000 FANS
POST-GAME FIREWORKS
WORLD'S BEST
FATHER
TNT KILLER BEE
TNT KILLER BEE
SPARKLERS
SPARKLERS

211일째 : 앨리스와 함께하는 최고의 아침식사

진은 지금 막중한 군대 임무를 수행하기 위해 일주일간 시외출장 중이다. 그녀는 이번 출장에 대해 벌써 몇 차례 말하지 않았느냐며 우겼지만 매번 구렁이 담 넘어가는 식이면 정말 곤란하다. 내가 스포츠 신문에 몰두해 있을 때 슬그머니 얼버무려놓고선 자기가 한 말을 가끔, 아니 매번 잊어버린다며 오히려 나한테 뒤집어씌우니 억울하기 짝이 없다.

일주일간 아이와 단둘이 남겨진 것도 힘든데, 아내는 한 술 더 떠 아이에게 뭘 어떻게 먹여야 하는지 아무런 지시도 내리지 않았다. 스트레스가 극에 달한 나는 커피를 엄청나게 마셔대기 시작했다. 결국 앨리스 비의 특별조제 우유는 첫째 날 동이 나버렸다.

몇 주 전 아내가 앨리스의 밥에 대해 이유식이니 고형식이니 하며 몇 마디 했던 게 어렴풋이 생각났다. 스테이크와 달걀을 곁들인 따끈한 아침식사보다 더 든든한 한 끼 고형식이 어디 있으랴? 그런데 앨리스는 결국 스테이크는 건너뛰고 감자만 조금 맛보는 것으로 만족해야 했다. 세계 최고 엄마인 진이 아마 나이프와 포크 사용법을 가르치지 않은 모양이다.

WORLD'S BEST
FATHER
After second round,
...d is wide open
NFL is all
comi...

226일째 : 앨리스를 위한 '스파클링 목욕코스'

우리 둘이서만 보낸 지 6일째, 오늘 아침 앨리스 비의 몰골이 제 엄마가 곁에 있을 때보다 훨씬 꼬질꼬질했다.

나는 이번 주 초에 이미 가히 혁신이라 할 만한 기저귀 갈기 기술을 구사하는 경지에 올랐다. 아침에 아이가 차고 있는 기저귀 바깥쪽에 새 기저귀를 한 차례 덧대어주면 끝! 덕분에 요 며칠 손에 응가를 묻히지 않고 지냈다. 하지만 왠지 어차피 해야 할 일을 조금 늦추는 정도의 효과뿐이라는 생각이 든다.

진은 아기 목욕시키는 방법에 대해서도 제대로 알려준 적이 없기 때문에 나 혼자 힘으로 어떻게든 해볼 수밖에 없었다. 아기들은 5센티미터 깊이의 물에서도 위험할 수 있다는 내용을 어디선가 읽은 것 같아 욕조 목욕은 아예 제외시켰다. 그때 다행히도 우리 집 세탁기에 '울코스'가 작동된다는 사실을 기억해냈다. 아기 피부에는 역시 이게 안성맞춤이지! 언제 채운 것인지 기억도 나지 않는 맨 안쪽 기저귀까지 전부 벗기고서 아이를 세탁기에 앉혔다. 이름하여 앨리스의 '스파클링 목욕코스'를 가까스로 마치기 무섭게 아내가 문을 열고 들어왔다. 휴~ 타이밍 한 번 끝내준다.

WORLD'S BEST FATHER

240일째 : 앨리스의 앞날을 위하여!

아내는 최근 들어 신생아의 성장 발달에 관한 서적을 한 무더기 읽고 있다. 그녀는 우리 아기가 책에 나와 있는 대부분의 항목에서 아주 우수한 그룹에 든다며 확신에 차서 말했다. 하지만 과연 이 정도 항목만으로 우리 딸이 장차 이 아빠만큼 성공적인 인생을 살아가리라 장담할 수 있을까? 방심은 금물이다.

나는 이참에 진과 나의 공동 예금계좌에서 얼마간의 돈을 인출하여 우리 딸아이의 발달과 교육에 필요한 장난감을 구입했다. 아내 역시 내 선택을 지지하리라 믿어 의심치 않는다. 이번 결정은 순전히 아이의 앞날을 위한 것이었으니까.

오늘은 진정 위대한 날이다. 앨리스 비와 나는 오후 내내 부녀지간의 끈끈한 정을 유감없이 나누었다. 아이의 반사 신경을 향상시키기 위한 필수요소들을 익히면서 말이다. 경찰차의 추격을 피해 정신없이 도주하는 훈련과 좀비 사살용 엽총을 제대로 다루는 기술까지 총망라하는 수업시간이었다.

WORLD'S BEST FATHER
resident evil Wii edition
grand theft auto IV
CALL OF DUTY 4 MODERN WARFARE

246일째 : 면도도 앨리스와 함께라면!

나는 면도가 싫다. 지난 10년간 제대로 된 면도를 한 기억이 단 두 번뿐이니 말다 한 것이다. 한 번은 결혼식 당일 아내 진을 위해서, 나머지 한 번은 지금의 직장 상사와 면접을 보기 위해서였던 걸로 기억한다. 아마도 이 두 사람 모두 첫 만남에서 그렇게나 말끔했던 내게 도대체 무슨 일이 벌어진 건지 궁금해하고 있을 것이다.

사정이 이렇다 보니 내게 면도의 전 과정은 혐오 그 자체다. 하지만 그렇다고 해서 면도하는 방법을 보여주고 배우는 과정에서 앨리스와 내가 함께 경험할 그 깊은 유대감마저 포기할 순 없다. 이는 정말 멋진 추억이 될 것이니까. 더구나 이제 딸아이는 조수 역할까지 제법 해낼 터이니 내게 면도가 이전만큼 끔찍하진 않을 것이다. 또 앨리스는 비누거품을 가지고 노는 것을 워낙 좋아한다. 손만 내밀면 이 아빠가 필요한 면도용품을 척척 건네주니 참 신통방통하다. 무엇보다 이 녀석을 곁에 두고 면도를 하자니 마치 내가 노먼 록웰(Norman Rockwell, 미국의 유명화가이자 삽화가-역주)의 그림에 등장하는 주인공이라도 된 기분이다.

WORLD'S BEST
FATHER

248일째 : 어디 있니, 앨리스?

오늘 아침 TV를 켜니 엄청난 기상상황이 예보되고 있었다. 어차피 나는 폭풍이 휘몰아치는 날씨를 워낙 좋아하니 오히려 희소식이라 해야 하나? 게다가 이 멋진 경험을 앨리스 비와 함께 할 생각에 꽤 들떴다.

다가올 폭풍에 대비해 나는 오전 내내 집 안팎을 세밀하게 점검하는가 하면 챙겨야 할 것들을 아내와 나누어 맡았다. 그녀가 건전지, 마요네즈, 물, 화장지 등을 사러 간 사이 딸아이와 나는 집 주변의 안전을 맡았다.

서둘러 할 일을 다 마친 나는 빗방울이 떨어지기 시작하자 우리 딸을 위해 근사한 자리를 마련해 두었다. 따뜻한 코코아와 아이가 제일 아끼는 폭신한 인형, 그리고 따뜻한 담요까지 준비 완료! 그런데 내 딸내미는 어디 있지?

WORLD'S BEST
FATHER

251일째 : 출장은 위험해

오늘은 앨리스가 태어나고 처음으로 장거리 출장을 떠나는 날이다. 그러나 이 날은 나의 출장 역사상 가장 최악의 날이 됐다.

일단 스타일이 엉망으로 구겨졌다. 여행가방 하나를 기내 선반 위에 거뜬히 올리지 못했기 때문이다. 아무래도 짐을 너무 많이 꾸렸나? 선반 뚜껑을 닫느라 진땀을 뺐다. 게다가 딸아이와 떨어져 있으니 일종의 분리 불안 장애 같은 것에 시달려야 했다. 계속해서 앨리스의 울음소리가 들리는 것만 같았기 때문이다.

마침내 목적지에 도착해 숙소에 짐을 풀고 휴대전화를 확인하니 아내에게서 이상한 문자 메시지가 와있었다. 앨리스가 사라져 종일 정신이 나간 채 아이를 찾고 있다나? 집 떠난 지 아직 하루도 안 되었는데 도대체 내가 없으면 다들 아무 일도 못한다니까.

WORLD'S BEST
FATHER

258일째 : 환상의 궁합, 스모어와 캠프파이어!

나는 캠프용 간식으로 주로 이용되는 스모어 예찬론자다. 아빠가 되기 이전부터 늘 꿈꿔왔던 것 중 하나가 바로 내 핏줄에게 달콤끈적한 마시멜로와 초콜릿, 그리고 그래함 크래커의 환상의 궁합이 만들어낸 이 퇴폐적인 맛을 꼭 알려주는 것이었다. 하지만 아내는 앨리스 비가 캠핑하러 가기엔 너무 어리다며 캠핑 금지령을 내렸다.

그렇다고 물러설 내가 아니지. 오늘 드디어 기발한 아이디어가 떠올랐다. 위험한 캠프파이어 대신 우리 집 뒤뜰에서 조개탄을 가지고도 얼마든지 스모어를 만들어 먹을 수 있다는 깨달음!

앨리스는 내가 만들어준 꼬챙이에 마시멜로 끼우는 법을 금방 터득했다. 역시 그래야 내 핏줄이지. 그런데 조개탄으로 피운 불은 마시멜로를 굽기에 뭔가 2퍼센트 부족해 보였다. 위기를 기회로 삼은 나는 액체 발화제의 마법 같은 효능까지 아이에게 가르쳐주었다.

WORLD'S BEST FATHER
CHARCOAL
LIGHTER FLUID

267 일째 : 유치원, 아이 신발 그리고 뭘 또 깜빡했지?

하루의 시작은 여느 날과 다름없었다. 나는 늘 그래왔듯 잠에서 깨어나 커피를 내리고 스포츠 신문을 읽었다. 그런 다음 평소보다 약 2분 정도 빨리 현관문을 나서려던 참이었다. 그런데 그 순간 이 층에서 앨리스의 울음소리가 들렸다. 그제야 나는 오늘이 바로 우리 딸아이를 유치원에 데려다 주는 날이라는 사실을 기억했다.

나는 정신없이 아이의 옷을 입힌 다음 카시트 안에 딸을 넣고 자동차를 향해 돌진했다. 그런데 차 문을 막 여는 순간 나의 예리한 관찰력이 발동했다. 그렇다. 아이 신발을 깜빡했다! 난 다시 집안으로 달려가 신발을 집어 들고 차 안으로 점프하다시피 돌아와 가속 페달을 힘껏 밟았다. 그런데 이 찜찜한 기분은 뭘까. 또 뭘 깜빡한 건가. 아닐 거야. 운전 내내 앨리스 우는 소리를 한 번도 못 들었으니까.

WORLD'S BEST
FATHER

274일째 : 마티니 서프라이즈!

힘든 하루 일과를 마치고 현관 입구에 들어서며 "여보, 나 왔어"라고 외치는 순간, 아내가 건네는 마티니 한 잔보다 더 반가운 것은 없다. 아내 진의 솜씨는 가히 전문가 수준이다. 크리스털처럼 투명한 얼음 조각 위에 진(gin)과 베르무트(vermouth, 약초와 향미를 가미한 백포도주-역주)를 완벽한 비율로 섞어주면 차가운 유리잔 표면에 서리가 맺힌다. 저녁 식사 전에 짭짤한 올리브 두 알과 함께 마시는 마티니는 하루의 피로를 눈 녹이듯 없애준다.

아내 역시 일터에서 돌아오면 우리 부녀가 이 마티니 의식을 정성껏 준비하고 자기를 기다리고 있기를 고대하는 눈치다.

WORLD'S BEST
FATHER

281일째 : 절대 너한테 냄새가 나서
이러는 건 아니야

미 육군의 화학 장교와 결혼해서 살다 보니 뜻밖의 덕을 볼 때가 있다. 이를테면
집안 구석구석에 멋진 화학용 군 장비가 항상 즐비하다는 거다. 물론 민간인인
나로서는 절대 아내의 장비를 만지거나 가지고 놀아서는 안 된다. 하지만 가끔
유혹을 참기 힘들 때가 있다. 특히나 이 장비 중에 아빠 노릇 하는 데 안성맞춤인
물건이라도 있는 날에는 말이다.

HUGGIES
WORLD'S BEST FATHER

맙소사! 오늘 아침 아내는 그동안 앨리스 비를 위해 만들어둔 우유를 내가 슬쩍 해왔다는 사실을 알아버렸다. 나도 지난 6개월 동안 일반 커피 크림으로 돌아가려 무진 애를 써보았지만…. 쉽지가 않았다.

아내는 자기가 냉장고에 놓아 둔 앨리스의 우유병이 전부 어디로 갔느냐며 문제를 삼았다. 나는 얼른 나가서 똑같은 걸로 사오겠다며(마침내 제품 정보를 알 수 있겠구나!) 제안했지만 아내의 반응은 냉담했다. 그녀는 대신 이렇게 웅얼거렸다. "내가 아이 영양을 고려해서 얼마나 공들여 타 놓았는데…." 그러더니 성질을 버럭 내며 나가버렸다. 아니 도대체 우유병에 우유 좀 집어넣는 일이 뭐 그리 힘들다는 것인지 이해할 수 없는 노릇이다.

하지만 오늘밤 나는 우리 아내야말로 내가 아는 사람 중에 최고로 괜찮은 인간임을 다시 한 번 확신했다. 여느 때처럼 딸아이의 우유를 슬쩍하려고 냉장고 문을 열어보니 그녀가 낭군님만을 위한 특별한 병을 따로 준비하지 않았겠나? 역시 마누라밖에 없다니까!

Facts
WORLD'S BEST
FATHER
REFINED
LARD
ALICE

309일째 : 애완견 빅 얼과 우리 딸 앨리스의 차이점

앨리스가 생기기 전 내가 부모 노릇을 해본 경험이라고는 애완견 빅 얼(Big Earl)을 7년간 데리고 있었던 게 전부다. 하지만 이 녀석을 키우면서 사용했던 기술의 99퍼센트를 앨리스의 양육에 그대로 적용할 수 있다는 사실을 깨닫자 아기와 강아지의 차이점을 애써 찾아내는 사람들이 신기하게 느껴졌다.

사실 대부분의 개는 진공청소기를 무서워한다. 빅 얼 역시 우리 부부가 진공청소기를 보관하는 벽장문을 열기만 해도 침대 아래로 숨곤 했다. 그래서 앨리스 역시 당연히 이런 반응을 보이지 않을까 추측했었다.

그런데 오늘 놀랄 만한 좋은 정보를 얻으며 그동안 내가 우리 딸을 완전히 과소평가했음을 깨달았다. 아내가 지하실 청소를 지시한 터라 나는 앨리스가 조수 역할을 하고 싶어할까 봐 그녀를 데리고 갔다. 그런데 이게 어찌 된 일인가? 우리 딸은 진공청소기 소리에도 전혀 기죽지 않는 모습이었다. 앨리스 덕분에 지하실 바닥은 말끔해졌다. 이 녀석, 11개월밖에 안 됐는데도 퇴역한 그레이하운드보다 훨씬 나은 훈련성과를 보이고 있다.

WORLD'S BEST
FATHER

317일째 : 호박등 만들기의 적임자

오늘은 핼러윈 데이! 아내는 트릭오어트릿(trick-or-treat)을 시키기엔 우리 딸이 아직은 너무 어리다고 했다. 하지만 호박등을 만들 때 앨리스의 작은 몸집은 몹시 중대한 역할을 해주었다.

사실 호박등을 만들 때 내가 가장 꺼리는 일은 끈적거리고 실타래같이 얽혀 있는 호박 속을 파는 작업이다. 운 좋게도 우리 딸이 호박 안에 딱 들어맞는 크기라서 나는 아이에게 이 중대업무를 양보했다. 자기 응가만큼이나 물컹한 호박 속에 들어앉아서 아이는 아주 기분 좋게 아빠를 도왔다.

WORLD'S BEST
FATHER

341일째 : 앨리스 비 소원 들어주기 비밀 작전

추수감사절이란 모름지기 감사의 목록을 찬찬히 되새기는 아주 소중한 시간이어야 한다. 나는 우리 공주님이 맞는 첫 추수감사절인 만큼 거국적 차원에서 매우 의미 있는 시간을 만들어보기로 작심했다.

오늘 오전 내내 나는 집에서 직접 구운 칠면조를 딸에게 선사하기 위해 만반의 준비를 해두었다. 여기서 끝이 아니다. 앨리스의 소원을 하나 더 들어줄 생각이다. 지난 10월에 호박등 새기기 작업을 함께 완수한 이래 앨리스는 칼을 써보고 싶어 안달이었다. 하지만 아내가 이를 허락할 리 만무했다. 그래서 나는 아내 모르게 (지금 아내는 칠면조 굽느라 연기를 너무 피운 탓에 이웃에게 사과하러 잠깐 밖에 나가 있다) 앨리스에게 전기톱을 건네주었다. 식칼보다야 전기톱이 훨씬 안전할 테니. 드디어 우리 공주님께서 생전 처음 새 한 마리를 통째로 절단하는 역사적 순간을 맞이하게 되었다.

WORLD'S BEST FATHER

365일째 : 생일 축하해 데이브,
아 … 아니 앨리스!!!

나는 12월 13일에 태어났다. 이게 무슨 뜻인지 아시는지? 지난 40년간 내 소중한 생일은 이보다 12일 뒤에 있는 훨씬 더 중요한 기념일에 밀려 별 관심을 받지 못했다는 소리다. 그런데 이것도 모자라 아내는 하필 12월 18일에 딸아이를 출산하고 말았다. 이제 내 생일은 두 번의 중요한 기념일에 밀려 완전 뒷전으로 밀려나게 생겼다.

그런데 오늘 천재적인 아이디어가 떠올랐다. 나와 앨리스의 나이 차이는 40살. 따라서 우리 딸 생일케이크를 내 것처럼 고치기는 아주 쉽다. 앞으로 9년간은 써먹을 수 있겠지.

Happy
Birthday
WORLD'S BEST
FATHER

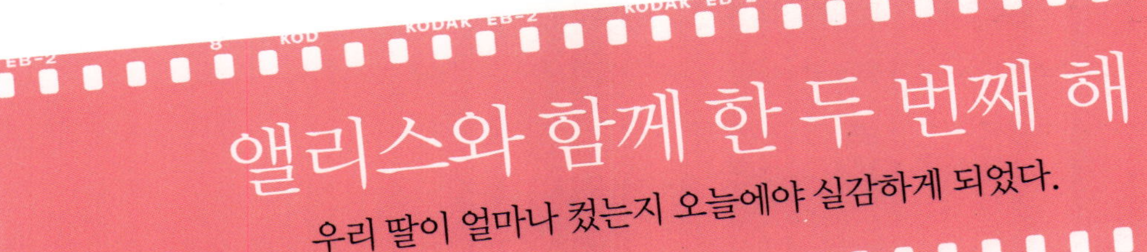

앨리스와 함께 한 두 번째 해
우리 딸이 얼마나 컸는지 오늘에야 실감하게 되었다.

일째 : 산타 할아버지, 위험해요!

우리 딸은 어지간한 것에는 절대 겁을 먹지 않는다. 쇼핑몰에서 만나는 산타 할아버지를 제외하고는. 그래도 크리스마스 이브를 기념해 아내는 앨리스 비를 산타 옆으로 데려가서 사진을 한 장 찍어주려 했다. 그런데 털복숭이에 빨간 옷을 입은 이 뚱보 아저씨의 무릎 위에 아이를 앉히려는 순간 앨리스는 통제 불능으로 울며 악을 썼다. 할아버지, 할머니께 보낼 사진 한 장 찍겠다는데 이렇게 비협조적으로 나오다니….

집에 돌아와 가까스로 아이를 진정시키자, 술 생각이 간절했다. 아마 너무 마신 탓일까? 앨리스 비가 성탄절 기념으로 불 좀 지피겠다고 하기에 쉽게 허락하고 말았다. 누가 상상이나 했겠나? 이 녀석에게 다른 꿍꿍이가 있을 줄이야….

WORLD'S BEST
FATHER

378일째 : 새해맞이 어른 수업

난 새해 전날이 정말 싫다. 또 한 해가 덧없이 가버렸다는 사실이 싫고, 자정이 될 때까지 기다렸다가 TV 화면에 등장하는 나보다 더 즐거워 보이는 인간들을 지켜보는 일은 더더욱 싫다. 이 날의 유일한 위안은 일단 자정까지 잘 참으면 맛있는 샴페인과 아내의 키스가 선물로 주어진다는 것 정도일 거다. 그래도 전반적으로 평가하면 역시 별 매력 없는 날이다.

하지만 앨리스 비는 이 아빠의 마음은 아랑곳없이 한껏 들떠 있다. 자정이 넘으면 새해 기념으로 새해를 기념하는 아기(Baby New Year)가 마법처럼 등장하기를 기대하는 건지. 그럼 자기가 그 애보다 더 크고 똑똑하다는 것을 엄마 아빠 앞에서 뽐낼 기세다.

그 순간을 고대하며 앨리스는 낡은 우유병을 모두 모아왔다. 마치 자기가 더 이상 어린 아이가 아니라는 듯 죄다 집어던지려 들면서 말이다. 하지만 내가 누군가? 나는 딸에게 훨씬 더 멋진 아이디어, 다시 말해 좀 더 어른스러운 사용법을 가르쳤다.

HAPPY NEW YEAR
WORLD'S BEST FATHER

386일째 : 과일을 건 정정당당한 승부

앨리스는 과일이라면 사족을 못 쓴다. 생과일은 물론 과일 주스, 과일 젤리에 이르기까지 과일과 관련된 것이면 무엇이든 좋아라 한다. 아내와 나는 다른 것도 좀 먹여보려고 애를 쓰지만 아이는 늘 "과일 간식 줘! 과일 달란 말이야"라고 떼를 쓴다.

요즘 들어 앨리스의 과일 중독이 도를 넘어서고 있다. 그만 좀 먹으라고 타이르면 아이는 우리와 협상을 시도하기도 한다. 심지어 자기를 이런 식으로 힘들게 하면 할수록 과일 생각이 더 간절해진다며 억지를 부린다. 물론 나는 그 정도 잔꾀에 넘어갈 아마추어가 아니다. 하지만 오늘은 앨리스의 속임수에 꼼짝없이 당하고 말았다.

앨리스는 뜬금없이 원반 탑 쌓기 장난감을 들고 나오더니 내가 자기를 이기면 과일 주스를 만들어 주겠다며 발동을 걸었다. 이 정도야 당연히 식은 죽 먹기라고 생각했다. 내가 왕년에 이 종목 챔피언이었다는 사실을 우리 딸이 알 턱이 있나? 하지만 경기 시작 5초도 되지 않아 내 실력이 완전히 녹슨 사실을 실감할 수밖에 없었다. 40년의 세월이여! 결국 앨리스 비에게 승리를 빼앗긴 것은 물론, 오늘의 이 치욕스런 참패를 아내에게 비밀로 해주는 조건으로 나는 프루트 컵을 2개나 만들어주어야 했다. 협상을 아는 녀석 같으니.

U.S. SPACE ROCKET CENTER
NASA
ROCKET SIENTIST
WORLD'S BEST
FATHER

393일째 : 앨리스, 아빠한테 왜 이래?

앨리스는 유독 화장실 변기에 집착한다. 불행히도 변기의 본래 용도와는 아무 상관이 없는 방식으로 말이다. 아이의 주요 관심사는 엄마 아빠한테 들키기 전에 이 변기 속에 얼마나 많은 물건을 퐁당 빠뜨릴 수 있는지에 있다.

오늘 오후에도 아이는 크게 한 건 저질렀다. 보채지도 않고 순순히 아래층에 내려가 낮잠을 자겠다고 할 때 먼저 수상하게 봤어야 했는데…. 모처럼 혼자만의 여유로운 시간을 갖게 된 나는 너무 좋은 나머지 앨리스가 이렇게 협조적으로 나온다는 게 얼마나 이상한 일인지 미처 깨닫지 못했던 것이다.

아니나 다를까? 샤워를 시작하고 채 1분도 안 된 시점에 뭔가 첨벙거리는 소리가 났다. 샤워 커튼 사이로 살짝 엿보니 앨리스가 변기 가득 나의 소중한 물건들을 빠뜨리며 신바람이 나있었다.

WORLD'S BEST
FATHER

400일째 : 나만의 꿀잠 비법

간밤에 정말 오랜만에 꿀잠을 잤다. 일찍 잠자리에 들어 밤새 깨지 않고 잔 것이다. 그런데 어쩐지 아내 얼굴이 너무 피곤해 보였다. 이유를 묻자 아내는 화를 내며 싸늘하게 대답했다. "이번 주엔 당신이 앨리스를 재우기로 했잖아. 식은 죽 먹기라고 큰소리 치더니 먼저 들어가 자버리는 게 어딨어!" 이거 미안해서 어쩌지?

아내에게 전해 줄 희소식이 있다. 오늘 밤 내가 앨리스를 침대에 눕히자마자 무엇이 아내를 힘들게 했는지 분명하게 깨달은 것이다. 정상적인 인간이라면 당연히 눕자마자 잠이 들어야겠지만 우리 딸은 고함을 지르고 울면서 침대 밖으로 나오려 했다.

전혀 협조의사가 없는 앨리스를 위해 나는 아주 기발한 방법을 떠올렸다. 아내도 이 방법을 알게 된다면 정말 기뻐할 것이다. 방법은 간단하다. 일단 방음용 헤드폰을 머리에 쓰고 카모마일 차 한 잔을 준비한다. 마지막으로 세상에서 가장 매혹적인 러브 스토리를 읽을거리로 챙겨두면 끝. 앨리스가 아무리 울부짖어도 전혀 방해받지 않고 편안히 잠에 빠질 수 있는 기막힌 발상 아니겠는가?

407일째 : 집안일은 너무 싫어

아내는 갈수록 많은 양의 집안일을 시키고 있다. '방바닥에 벗어둔 내 옷은 내가 치우기'나 '용변 보고 나서 물 내리기'로도 모자라 이제는 잔디 깎기와 다림질 중 하나를 선택하라고 으름장을 놓다니…. 어서 무슨 수를 쓰지 않으면 나의 평온한 일상이 심각한 방해를 받을 것 같다.

414일째 : 다림질도 나보다는 앨리스가 …

아내와 집안일 분담을 놓고 한바탕 씨름을 했다. 결국 잔디 깎기 실력은 진이 나보다 출중하다는 쪽으로 매듭이 지어졌다. 내 몫이 된 다림질 역시 우리 딸이 척척 거들어 준 덕에 나는 스포츠 신문이나 읽으면 된다.

The Washington Post
SPORTS
CLASSIFIED
WORLD'S BEST FATHER
Washington gives one away to Houston
From different worlds
FREE UNDER $250
Niagara
ORIGINAL

419일째 : 앨리스, 아빠를 부탁해

어느 날 딸아이가 TV에서 인형 광고를 보았다. 그 인형은 머리를 자를 수 있는 가위도 패키지로 들어가 있었다. 아마 시청 등급이 '4세 이상'이었을 것이다. 광고를 본 우리 딸은 그때부터 인형을 사달라고 끈질기게 졸라댔다. 하지만 아내는 기겁하며 너무 어려서 안 된다고 아이를 설득했다. 울고불고 매달리는 딸아이를 보는 내 마음은 갈기갈기 찢어지는 듯 아팠다. 그러나 어쩌겠는가? 아내가 안 된다면 안 되는 것이다.

일주일 내내 앨리스는 가위를 쓰고 싶다며 우리 부부를 졸랐다. 하지만 진은 이 문제에 대해 너무도 단호했다. 심지어 오늘 아침, 잔디 깎으러 잠깐 나가면서도 그녀는 내게 신신당부를 했다. "당신, 절대 앨리스에게 가위 가지고 놀게 하지 마!"

잠시 후 내게 반짝이는 아이디어가 떠올랐다. 가위로 머리를 잘라보겠다는 우리 딸의 집요한 요구와 아내의 금지명령 모두를 만족시킬 해법이었다. 전기 이발기는 분명 가위가 아니다. 그리고 어쨌든 나는 오늘 꼭 이발을 해야만 한다. 저녁에 아내와 함께 군부대 무도회에 가기로 되어 있으니까.

The Washington Post
SPORTS
Season ends for Terps' Howard
COUNTDOWN TO SELECTION SUNDAY
Diggs stays close to home, opts to play for Maryland
WORLD'S BEST FATHER

428일째 : 난 결백해!

난 언제나 부엌에만 들어가면 난장판을 만들어 놓곤 한다. 그렇지만 항상 내가 범인이라고 말할 수는 없다.

오늘 아침 일만 해도 그렇다. 진은 조깅하러 나가면서 앨리스에게서 절대 눈을 떼지 말라고 당부했다. 야호! 아내가 조깅하러 45분간 집을 비운다는 건 이 몸이 아이스크림으로 아침을 대신한다는 뜻이렷다? 나는 잽싸게 부엌으로 달려가 냉동실 문을 열었다. 신께 맹세코 내가 부엌에서 얼쩡거린 시간은 고작 30초 남짓이었다. 그런데 잠시 뒤 아이스크림 통을 손에 들고 부엌에 오니 예정보다 일찍 돌아온 아내가 뒷짐을 지고 서 있는 게 아닌가? 부엌은 그야말로 난장판이 되어 있었다. 앨리스는 거실에서 그 어느 때보다 조신하게 블록 놀이를 하고 있었다. 결국 나는 영문도 모른 채 저녁 내내 낑낑거리며 온 부엌을 치워야만 했다.

434일째 : 잉글도 둘이면 충분합니다

사다리를 어디에 두었는지 전혀 기억이 없는 이 시점에 집안의 망가진 전구를
모두 교체하라는 아내의 지시가 떨어졌다. 드디어 오늘에서야 나는 '전구를 교
체하려면 몇 사람의 잉글도(Engledow)가 필요한가?'에 대한 답을 얻었다.

442일째 : 앨리스, 레이스 신동?

앨리스 비의 일가친척 모두 아마 이 아이가 커서 카레이서가 되기를 바라는 모양이다. 해마다 크리스마스가 되면 캘리포니아에 사는 사촌이 미스터 호스파워(Mr. Horsepower, 자동차 정비회사 Clay Smith Cams의 로고 겸 마스코트-역주) 변속기어를 최신 제품으로 사서 보내온다. 올해는 또 텍사스에 사는 또 다른 사촌이 이 기어에 맞는 공주풍의 차를 보냈다.

우리 딸이 과연 레이서가 될 자질이 있는지 한 번 시험해볼 때가 되었다고 느꼈다. 그래서 나는 부엌 아일랜드 식탁 주변에 레이싱 공간을 마련하고 500바퀴를 돌 것을 제안했다.

불행히도 앨리스의 레이싱은 단 50바퀴에서 중단되고 말았다. 세계 최고 엄마인 진이 경기가 끝나기도 전에 승리의 샴페인을 다 들이켜 버렸기 때문이다.

TEXAS
LAP
30
DADDY
WORLD'S BEST FATHER
ALICE

462일째 : 다치지 마, 우리 딸

얼마 전에 치른 부엌 레이싱 이후 앨리스는 자동차 경주에 푹 빠져 있다. 내겐 분명 희소식이다. 아이가 하루에도 몇 시간씩 차를 가지고 놀기 때문에 나는 스포츠 신문을 읽으며 여유 시간을 훨씬 많이 가질 수 있다.

그런데 오늘 아침 거실 쪽에서 '쾅!' 하고 부딪치는 소리가 났다. 아이가 차를 탄 채 계단을 내달리다 난 소리였고, 이 사고로 그만 앨리스의 왼쪽 눈 위가 살짝 찢어지게 됐다.

119는 내 전화를 더 이상 받아주지 않기 때문에(사연을 말하자면 좀 길다) 내 손으로 사태를 수습해야만 했다. 나는 서둘러 아내의 바느질 상자를 가져왔다.

저속으로 흐르도록 고안된 고무젖꼭지는 그 역할을 톡톡히 해냈다. 내가 수술을 집도하는 동안 아이를 진정시키기에 딱 알맞은 양의 위스키를 먹이는 데 성공한 것이다. 5분 후 앨리스 비는 음주측정을 해도 될 만큼 완전히 술이 깨어 다시 운전대를 잡았다.

WORLD'S BEST FATHER
OLD GRAND-DAD WHISKEY

469일째 : 8년 간의 공사, 우리 딸 덕에 끝이 보인다

오늘 아침 진이 우리 집 데크 공사를 마무리하라는 지시를 내렸다. 이 공사로 말하자면 우리가 막 결혼했을 당시 내가 시작한 일이었다. 나는 아내를 이해할 수가 없다. 이 정도 규모의 공사라면 8년 정도 걸리는 게 당연하지 않나?

사실 이렇게 된 데에는 내가 원인의 일부일지도 모른다. 내가 망치질을 하기 싫어하니까. 항상 한 손에 커피 잔이 들려있다 보니 양손을 쓰는 일은 엄두를 낼 수가 없다. 하지만 이제 우리 딸이 조수 역할을 할 수 있으니 큰 걱정을 덜게 생겼다. 일단 못질이 가능해졌으니 데크가 완성되는 날도 멀지 않았다.

ORLD'S BEST
FATHER

470일째 : "부활절 축하해. 우리 토깽이 앨리스"

마침내 부활절이 돌아왔다! 이 날은 내가 제일 좋아하는 기념일 중 하나다. 마시멜로 토끼에, 크림으로 속을 채운 달걀, 젤리 빈 그리고 맛 좋은 초콜릿까지 없는 게 없다. 올해에는 우리 집 부활절 토끼(부활절에 부활절 달걀을 가져다 준다는 토끼-역주) 진이 어떤 것을 준비했을지 몹시 기대된다.

그런데 오늘 아침 아래층으로 내려가 보니 어처구니없는 일이 벌어져 있었다. 부활절 토끼가 온갖 맛있는 캔디류를 이미 앨리스 비에게 선물한 것이다. 내 몫은 고작 크림 넣은 달걀 한 개가 전부였다. "부활절 축하해. 나의 뚱보 토끼에게"라고 적힌 무심한 쪽지와 함께.

다행히도 나는 캔디의 안전성을 확인해야 한다며 앨리스를 설득할 수 있었다. 사실 말이 나왔으니 말이지만 달걀을 낳는 토끼가 가져온 캔디를 의심 없이 먹일 수는 없는 노릇 아닌가?

WORLD'S BEST
FATHER

477일째 : 감동의 첫 가족 캠핑!

이번 주말, 우리 가족은 처음으로 캠핑을 나갔다. 부녀관계가 돈독해질 수 있는 절호의 기회를 놓칠 수 없지.

새로운 경험을 자축하는 의미에서 이제 드디어 우리 딸이 직접 불을 피우고 장작불 요리도 해볼 때가 되었다고 생각했다. 아이는 큰 사이즈의 버거를 굽겠다고 우겼지만 첫 시도인 만큼 일단 훨씬 작은 사이즈로 타협을 보았다.

우리 공주님이 이 아빠를 위해 직접 구운 완벽한 버거를 접시에 올리는 순간 나의 눈시울이 약간 붉어졌다. 연기 때문이었나.

WORLD'S BEST
FATHER

481 일째 : 고양이 밥의 비밀

진은 또 시외 출장을 가고 없다. 택시에 올라타면서 그녀가 내게 사랑이 담긴 한 마디를 남겼다. "이번에도 고양이 밥 안 챙기면 알지?"

그동안 나는 우리 집 고양이 엘리엇(Elliot)과 캣지(Katje)가 도마뱀, 들쥐, 아기 새 따위를 잡아먹고 사는 줄 알았는데 내가 틀렸나?

482 일째 : 앨리스 밥의 비밀

"시리얼 줘~잉." 침실 밖에서 들려오는 울부짖음 소리에 한숨도 못 잤다. 아침 10시가 채 안 된 시간, 하는 수 없이 자리에서 일어났다. 고양이 울음 같은 이 소리에 머리가 깨지는 줄 알았기 때문에 나는 서둘러 그릇 3개에 먹이를 채워주었다. 그리고는 커피 한 잔을 타 마셨다.

그런데 앨리스 비가 먹던 것을 뱉어내며 투덜거렸다. "맛이 이상해!" 아뿔싸! 유아용 시리얼은 고양이 밥이랑 모양, 크기, 식감 다 똑같다니까.

483일째 : 사람은 역시 머리를 써야 해

좋다. 이 문제를 좀더 과학적으로 해결하기로 마음먹었다. 밥그릇 3개에 각자 이름표를 붙여 먹이를 주었다. 이렇게 쉬울 수가.

490일째 : 오늘은 우리 딸이 요리사

나는 항상 바나나 포스터(Banana Foster, 바나나와 바닐라 아이스크림으로 만드는 디저트로, 마무리할 때 럼주를 부어 불꽃에 굽는다-역주)를 집에서 직접 만들어보고 싶었다. 하지만 실제로는 한 번도 시도해본 적이 없다. 망치질과 마찬가지로 불을 쓰는 부분에서 양손을 사용해야하는데 그렇게 되면 그 시간 동안 커피를 마실 수 없지 않은가?

하지만 앨리스가 지난번 캠핑에서 바비큐 요리도 해봤고 그전에는 수술 도중 위스키 경험까지 했으니 바나나 포스터쯤이야 뭐 너끈히 해낼 수 있을 것이다. 물론 우리 딸이 럼주를 마셔본 적은 없지만 바나나와 황설탕을 좋아하니까 이 요리의 맛을 본다면 아마 기절할 것이다.

WORLD'S BEST
FATHER

498일째 : 앨리스, 열정적인 토스트 요리사

지난밤 앨리스는 토스터를 가지고 놀다가 진에게 또 들키고 말았다. 아내는 내게 아이의 안전을 책임지겠다던 내 약속이 "늘 10개월씩 뒤져 있다"라고 지적하며 다시 30분 동안 설교를 늘어놓았다. 최소한 토스터가 장난감이 아니라는 사실 정도는 아이에게 반드시 가르치라는 지시도 떨어졌다.

진이 내린 지시를 명심하며 나는 오늘 아침 앨리스에게 토스터의 플러그를 소켓에 안전하게 꽂는 방법, 식빵 넣는 요령, 심지어 다 구운 식빵에 버터 바르는 기술까지 완벽하게 전수해주었다.

딸아이는 이 모든 과정을 상당히 즐기는 것 같았다. 하지만 이렇게까지 심하게 즐길 줄이야. 성능 테스트에 완벽을 기하는 것도 물론 좋지만 빵이란 빵을 모조리 구워내다니…. 도대체 어디서 이런 영감을 받았을까?

The Washington Post
SPORTS
Opening folly
WORLD'S BEST
FATHER
MILK

504일째 : 이 아빠가 실은 대단한 남자라는 사실을 가르쳐주지!

나는 오늘 앨리스 비에게 아빠의 권위에 대해 가르쳐야겠다고 결심했다. 액션 배우 실베스터 스탤론이 등장하는 영화 중에 우리 딸이 가장 좋아하는 것이 〈오버 더 톱(Over the Top, 아버지 역할의 주인공이 팔씨름 세계 선수권 대회에 출전하는 내용이 나온다-역주)〉인 만큼 역시 팔씨름이 효과적일 거라 생각했다. 나는 다섯 번 중 세 번을 이겼다. 앨리스는 입이 산만큼 나왔지만 자기 아빠가 역시 대단한 남자라는 사실을 인정할 수밖에 없을 거다.

나는 승리에 도취되어 이참에 우리 집의 서열 표시 도면을 다시 그렸다. 맨 위에 이 아빠를 올려놓은 것이다. 하지만 아내는 이 도면을 전혀 이해하지 못하는 것 같다. 내가 몇 번을 설명했건만 계속 위아래를 뒤집어 놓으니 말이다.

1330 00 133 8244 C881
30 GRENADE HAND FRAG
DELAY M67 W/FUZE M213
COMP B
WORLD'S BEST
FATHER

527일째 : 앨리스, 인생은 타이밍이야

진이 마침내 앨리스 비와 나의 공동 다림질에 넌더리를 치고 말았다. 하긴, 우리가 다림질을 하고 나면 매번 새 옷을 사야 했으니까 그럴 만하다. 그래서 이번 주는 일을 바꿔보기로 했다. 내가 잔디를 깎기로 한 것이다.

유년기의 가슴 아픈 기억을 떠올려보면 역시 가스식 잔디 깎이는 18개월 된 우리 딸이 사용하기에 안전하지 않다. 우리 집 잔디 깎이가 전기식이라 얼마나 다행인지. 앨리스는 이미 몇 달 전부터 여러 가지 가전제품을 다뤄봤기 때문에 이 정도는 누워서 떡 먹기일 거다.

날씨가 꽤 더웠다. 그래서인지 아이는 아침 내내 징징거리며 보챘다. 나는 한 치의 물러섬도 없이 선언했다. 잔디를 깨끗이 깎아놓지 않으면 우유를 주지 않겠노라고. 결국 잔디는 몰라보게 깔끔해졌다. 하지만 이걸 어쩌지? 내가 마지막 남은 앨리스의 우유를 벌써 커피에 넣어 다 먹어버렸는데…. 앨리스를 위한 오늘의 교훈-모든 일은 타이밍이 중요하다.

WORLD'S BEST
FATHER
CORDLESS
24V

532일째 : 앨리스는 믹서기로 인테리어도 바꾼다

지난주에 가만히 보니 앨리스는 잔디를 깎고 나면 좀 지쳐하는 것 같았다. 아내가 운동 후에 항상 '전해질을 바꿔줘야 한다'고 했던 말이 떠올랐다. 그렇다면 우리 딸이 잔디 깎기를 마치면 내가 이 부분을 신경써야 한다는 소리군?

나는 전해질이 무엇인지 정확히 모른다. 하지만 건강한 사람들은 '스무디'라는 것을 마신다고 얼핏 들은 것 같다. 그래서 이것부터 일단 먹여야겠다고 생각했다. 인터넷으로 잽싸게 검색해보니 스무디 만들기는 정말 아무것도 아니었다. 믹서에 과일을 잔뜩 넣고 돌려버리면 끝인데 우리 딸은 안 그래도 과일 마니아이기 때문에 정말 안성맞춤이지 싶었다. 더구나 아이에게 믹서 사용법까지 가르칠 수 있으니 이 얼마나 신나는 일인가?

천장에 보라색 얼룩이 튀어 우리 집 인테리어가 더욱 생기 있어졌지만 아내는 우리 부녀만큼 즐거워 보이지 않았다.

I ♥
DA
WORLD'S BEST
FATHER

WORLD'S BEST
FATHER

539일째 : 앨리스의 건강은 내가 책임진다!

끔찍한 일이 벌어졌다. 내가 제일 아끼는 머그컵이 사라진 것이다. 온 집안을 샅샅이 뒤졌지만 결국 찾을 수가 없다.

거기다 앨리스는 아침 내내 복통을 호소하고 있다. 일단 머그컵 수색은 잠시 중단하고 아이부터 챙겨야할 것 같다. 최근에 딸아이는 온갖 스무디를 만들어 먹었다. 아마도 상한 과일이 섞여있었나 보다.

그나마 유일한 희소식은 내가 얼마 전 TV 홈쇼핑으로 구입한 가정용 엑스레이를 테스트할 기회가 왔다는 것이다. 아내는 이런 걸 다 사느냐며 놀렸었다. 하지만 마지막에 가서 회심의 미소를 지을 사람은 역시 내가 될 것이다. 상당한 액수의 의료비를 절약할 수 있게 되었으니 말이다.

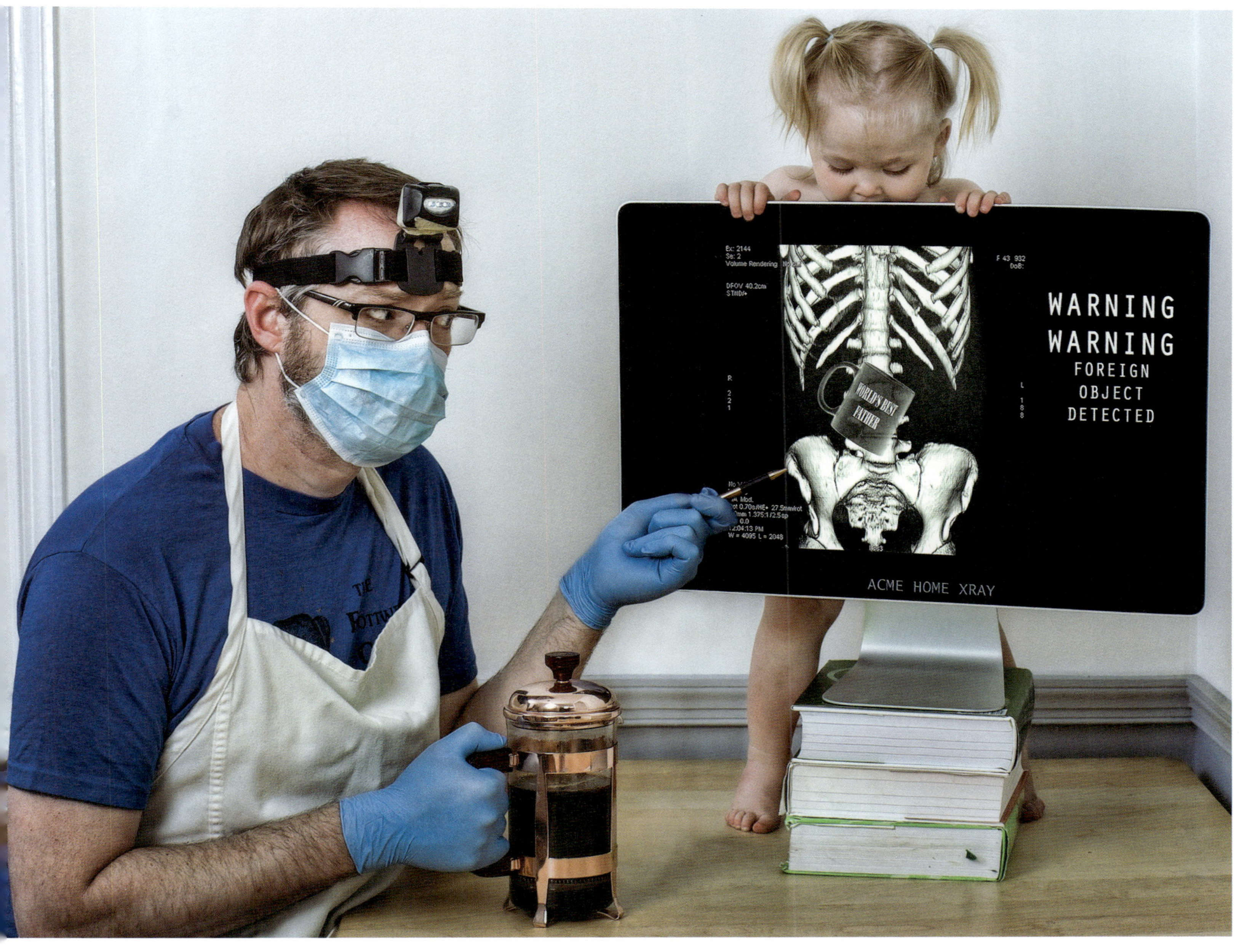
Ex: 2144
Se: 2
Volume Rendering
DFOV 40.2cm
STND/+
R
2
1
WORLD'S BEST FATHER
WARNING
WARNING
FOREIGN
OBJECT
DETECTED
F 43 932
DoB:
L
1
88
ACME HOME XRAY

546일째 : 아버지 날, 좋은 소식과 나쁜 소식

오늘은 아버지의 날이다. 우리 공주님은 아빠를 위해 '침대에서의 아침 식사'를 마련해주었다. 이런 호사를 다 누리다니…. 앨리스는 팬케이크에 메이플 시럽을 듬뿍 올려서 커피와 함께 가져다 주었다. 확실히 지난 18개월 동안 이 아빠가 이것저것 가르친 보람이 있다.

그런데 배불리 아침을 먹고 나자 앨리스가 카드 한 장을 내밀었다. 아내가 남긴 거였다. "아버지의 날 축하해, 여보. 그나저나 오늘이 내가 일 년간 집을 비우는 첫날인 거 알고 있지? 다시 말해 이제 우리 집에서 당신 서열이 한 단계 올라갔다는 뜻이지. 다시 한 번 축하해! 그리고 행운을 빌어."

고마워 여보! 그런데 기분이 왜 이렇지?

SUPERSTAR
WORLD'S BEST
FATHER

555일째 : 피는 못 속이는 걸까?

아내가 한국으로 떠난 지 9일째다. 그녀 없이 아이와 단둘이서 보낸 최장기록인 셈이다. 하지만 이 정도면 그럭저럭 잘 해나가고 있다고 생각한다. 어제는 갈비 바비큐를 만들어 먹었다. 그저께도 갈비 바비큐였고 그 전날도 역시 갈비 바비큐, 또 그 전날도 갈비 바비큐, 계속해서 갈비 바비큐, 갈비 바비큐….

우리 부녀는 여러모로 참 닮은 구석이 많은 것 같다. 앨리스 비가 나만큼이나 바비큐를 좋아할 줄이야.

I
BBQ
WORLD'S BEST
FATHER

566일째 : 매일의 전투, 유치원 등원 준비

진이 없는 동안 내가 처리해야 하는 온갖 일거리 중에서 가장 중요한 것은 매일 아침 앨리스 비의 옷을 입혀 유치원 등원 준비를 하는 것이다. 줄곧 몸을 꿈틀대며 똥고집을 피우는 20개월짜리 아이에게 옷을 입히는 일은 태풍이 몰아치는 바다 한가운데에서 사납게 울부짖는 원숭이 무리를 피해 갑판 위로 몸을 굴리며 작은 소금통의 좁은 입구로 소금을 채우는 장면과 비슷하다.

매일 겪는 이 전투 상황에서 우리 부녀는 각자의 개성을 유감없이 드러내곤 한다. 예를 들어 유치원에 가려면 적어도 옷을 입고 가야 한다는 게 내 생각인 반면, 우리 딸은 옷 같은 것은 멍청이나 입는 거라고 믿고 있다. 양말은 두 발에 하나씩 신어야 한다는(한쪽 발에 두 개를 다 신는 게 아니라) 내 생각과 달리 앨리스는 한쪽에만 신으면 충분하다고 온몸으로 주장한다.

그러나 우리는 이제 어느 정도 합일점을 찾아가고 있다. 내가 달콤한 것으로 미끼를 던지면 딸아이는 마지못해 이 아빠에게 한 가지 아이템을 선택하게 해준다. 그런 다음 나머지는 아이 마음대로 골라 입는다.

WORLD'S BEST
FATHER

574일째 : 설거지를 해결하는 효과적인 방법

식사 후 더러워진 접시를 설거지통에 넣는 것은 나같은 교양인이라면 마땅히 지켜야 할 일이다. 그래야 누군가 설거지를 할 수 있지 않겠나? 특히나 요즘은 애 엄마도 없으니 아빠로서 나는 앨리스 비에게 이 부분에 대해 부지런히 지도하고 있다. 그런데 어찌 된 영문인지 아이와 내가 그렇게 신경을 쓰는데도 아침에 일어나보면 우리 집 설거지통에는 끔찍하게 더러운 접시들이 그대로 널브러져 있다.

어제 아내와 화상 통화를 할 때 이런 상황을 하소연하자 아내는 어이없다는 표정으로 이렇게 말했다.
"설거지통에 가져다놓는 것까지만 하면 어떡해? 접시가 저 혼자 깨끗해지냐고? 어떻게 해야 하는지 내가 다시 말해줘?"
나는 그 다음 말을 귀담아 들으려고 엄청나게 애를 썼지만 연결 상태가 좋지 않은지 화면이 자꾸 꺼졌다. 아, 그녀가 해답을 알고 있을 텐데….

그런데 뜻밖에도 간단히 문제가 해결되었다. 오늘 아침 앨리스가 싱크대 근처에서 놀다가 설거지 도구같이 생긴 것을 발견한 것이다. 우리 딸은 문질러 닦고 나는 옆에서 감독하고…. 정말 환상의 한 팀이 아닌가?

WORLD'S BEST FATHER
OLIMPIA

580일째 : 위험해, 앨리스!

앨리스는 피자 파티 애호가다. 아내가 없는 요즘 나는 피자 만들기의 모든 것을 딸에게 전수하고 있다. 지난주에는 피자 도우 만드는 법과 토마토소스 제조법을 선보였다. 그 앞 주에는 길고 커다란 나무주걱을 사용하여 재빨리 피자를 오븐에 넣고 빼는 기법을 가르쳤다.

드디어 오늘 밤 우리 부녀는 피자를 멋지게 장식하여 식탁에 내놓는 마무리 단계에 돌입했다. 앨리스는 특히 번쩍이는 피자 커터(우리 애는 이것을 '동그라미 칼'이라 부른다)를 만져볼 생각에 무척이나 신이 나 있다. 갓난아기 때부터 눈독을 들이던 물건이었다.

WORLD'S BEST
FATHER

588일째 : 우는 아이를 고분고분하게 잠 재우는 방법

이번 주에 앨리스 비는 발레의 그랑 주테로 내게 도전장을 내밀었다. '앨리스가 이기면 아빠가 과일 주스 5잔 만들어주기, 아빠가 이기면 딸이 5일 동안 고분고분하게 잠자리에 들기'로 내기를 걸었다. '그랑주테'가 뭐 하는 것인지 나로서는 도통 감을 잡을 수 없었지만 이건 너무나 솔깃한 제안이었다. 아내가 서울로 떠난 후 아이는 발길질과 소리 지르기, 흐느껴 울기를 몇 시간씩 반복한 후에야 겨우 잠자리에 들었기 때문이다.

'그랑주테'인지 뭔지 하는 게 복잡한 발레 동작의 하나라는 사실을 알아냈다. 뭐든 하려면 제대로 해야 한다는 평소 신념답게 나는 장비 구입부터 서둘렀다. 발레 동작을 설명한 책과 발레복을 구입하여 만반의 준비를 끝냈다.

그런데 발레리노가 되기란 정말 보기보다 훨씬 힘들다. 특히 몸매가 좀 망가져서 더 그렇다. 그나마 다행스러운 것은 우리 딸의 키가 내가 발레 동작 연습하는 데 딱 맞는다는 것이다. 분명히 5일 동안 고분고분하게 잠자리에 들기로 약속했겠다? 자~ 그럼 어디 한 번 뛰어볼까나?

WORLD'S BEST FATHER
Ballet FOR morons
1330 00 193 6244 6 661
20 GRENADE HAND FRAG
DELAY M67 W/FUZE M213
COMP.B
WT 56   LOT LS-83J058-007

593일째 : 넌 할 수 있어!

우리 딸내미가 이제 스포츠 분야에서도 두각을 나타낼 때가 되었다고 생각한다.
브라질 리오 올림픽이 고작 2년 앞으로 다가온 이 마당에 앨리스가 고소공포증
을 극복하지 못한다면 다이빙 팀에 선발될 확률이 희박해지기 때문이다.

COACH
WORLD'S BEST
FATHER

595일째 : 아이에게 어떤 운동이 어울릴까?

다이빙 연습 도중 앨리스가 부상을 당했다는 소식에 아내는 앞으로 다시는 집안에서 그런 일을 벌이지 말라는 지시를 내렸다. 나는 하는 수 없이 동네 수영장을 알아보았다. 그런데 우리 딸이 고공낙하를 하기엔 아직 너무 어리다며 말리는 게 아닌가? 그렇다면 다른 운동을 알아볼 수밖에.

600일째 : 역도가 수영보다 나은(?) 이유

드디어 새로운 종목을 발견했다. 며칠 전 처마 밑에서 놀던 앨리스가 낡은 바벨 하나를 찾아낸 것이다. 그 후 역도 용상 연습을 한 지도 벌써 5일째다. 아내도 이번만큼은 내 노고를 인정해줄 게 분명하다. 최소한 스포츠 레슨비 명목으로 우리 부부의 공동 계좌에서 돈을 인출할 필요는 없어졌으니까. 더구나 물이 필요한 종목도 아니니 더 이상 마루가 망가질 리도 없고….

WORLD'S BEST FATHER
COACH

614일째 : "앨리스, 누구에게서 욕을 배웠니?"

오늘 앨리스를 데리러 유치원에 갔다. 그런데 선생님 한 분이 몹시 흥분하며 호들갑을 떠는 게 아닌가? 우리 딸이 놀이시간만 되면 "똥꼬 자식(son of poop)"이란 욕을 입에 달고 다닐 뿐 아니라 심지어 어떤 교사에게도 마치 욕처럼 들리는 무슨 뜻인지 모를 이상한 소리를 했다는 것이다. 이 선생님은 비난 섞인 눈빛으로 나를 쳐다보더니 집에 돌아가면 욕을 할 때마다 벌칙으로 용기에 돈을 담는 '욕단지'를 활용해보라고 귀띔해 주었다.

'욕단지'라는 것에 대해 금시초문이던 나는 인터넷을 검색해보았다. 부모가 자녀 앞에서 욕설을 하지 못하도록 최근에 고안된 무슨 뉴에이지 사상 같은 게 분명했다. 빌어먹을! 어렸을 때도 욕만 했다 하면 비누로 입을 씻는 벌을 당하고 살았는데, 이제 다 커서까지 자식 앞에서 욕지거리 좀 했다고 돈을 내놓으라니 이거야 원 서러워 살겠나? 이런 경우야말로 정말 욕나오게 부당한 처사이다.

SWEAR JAR
WORLD'S BEST FATHER
1330 00 133 6244 G881
30 GRENADE HAND FRAG
DELAY M67 W4 FUZE M213
COMP B
WT 56   LOT LS 83J058-007

634일째 : 달려라, 앨리스

아내는 자기가 없는 동안 운동 좀 열심히 하라며 계속 쪼아댄다. 할 수 없이 오늘부터 다시 운동을 시작하기로 했다. 요사이 앨리스 비는 지하실에서 엄청난 시간을 보내고 있다. 문득 지하실에 놓아둔 낡은 헬스용 자전거가 떠올랐다. 이거면 되겠다 싶었다. 돈 들여 헬스장에 다닐 필요도 없고 말이다. 어차피 아내의 잔소리가 누그러질 때까지 몇 주만 하는 척하면 될 테니까….

우리 딸이 얼마나 컸는지 오늘에야 실감하게 되었다. 아주 완벽한 운동 파트너 노릇을 하는 게 아닌가? 오늘 하루 거의 25킬로미터는 달렸을 거다. 게다가 앨리스가 제일 좋아하는 프라이드치킨에 시원한 맥주까지 한 턱 내주니 내 입장에서는 여러 가지로 이점이 많다. 드디어 나한테 딱 어울리는 운동 패턴을 발견한 기분이다. 주행거리만 알아서 적당히 입력하면 아내도 분명 흡족해할 것이다.

WORLD'S BEST FATHER

641일째 : 누가 내 쿠키를 옮겼을까

지난 몇 주 사이 밤만 되면 쿠키 통에 넣어둔 내 쿠키가 하나둘씩 사라지고 있다. 오늘 아침 우연히 이 지역 경찰서의 사건 기록부를 들여다보다가 뭔가 실마리를 찾았다. 그동안에도 나는 좀도둑 근절에 대해 경찰이 너무 미온적으로 대처한다는 생각에 불만이 있었는데 순간, 좀도둑이 내 쿠키를 훔쳐갔다는 생각이 머리를 스친 것이다.

나는 인근 경찰서에 가서 장장 다섯 시간이 넘게 고충을 털어놓았지만 모두 허사였다. 하는 수 없이 내 손으로 직접 문제해결에 나서기로 결심했다. 경찰서에 같이 가자고 했을 때 앨리스가 별로 내켜 하지 않아 살짝 의외였지만 이 아빠가 그 좀도둑을 잡아 감옥에 가두는 모습을 본다면 우리 딸도 분명 이 아빠를 자랑스러워 하겠지.

648일째 : 앨리스, 아마추어같이 왜 그래?

지난 몇 달 동안 우리 앨리스가 아빠 몰래 가족사진을 인터넷에 올렸다는 것을 알게 되었다. 지난주에 이 사진들이 사방으로 퍼져 나가더니 결국 전 세계에 공개되고 말았다.

어이없게도 앨리스와 나는 주초에 심지어 NBC 투데이 쇼에 출연했다. 물론 사회자 매트와 사바나를 직접 만난 일은 정말 멋졌다. 하지만 생방송 중 앨리스가 계속 무대 밖으로 달아나려 하는 바람에 내 스타일이 완전히 구겨져 버렸다.

오늘은 지난번 방송된 내용을 비디오로 다시 보고 있다. 나는 앨리스에게 '방송 촬영 중에는 어떻게 처신해야 하는가?'라는 주제로 500자 에세이 한 편을 작성하도록 지시했다.

WORLD'S BEST FATHER
TODAY   8:39 71°   TODAY.COM
NCE OF SHOWERS AND ISOLATED THUNDERSTORMS LATE IN THE AFTERNOON
SAMSUNG

655일째 : 멋진(?) 모임이란 이런 것

앨리스 비가 태어난 이후 나는 죽이 맞는 멋진 친구들(자녀가 없는)과 어울리는 횟수가 부쩍 줄었다. 그 대신 아이들끼리 놀게 하기 위해 부모와 아이가 함께 만나는 플레이데이트(playdate) 모임을 자주 갖는다.

그런데 이놈의 플레이데이트라는 게 영 별로다. 잘 놀다가도 결국엔 애들끼리 싸움판이 벌어질 뿐 아니라 대화할 만한 멋진 어른(즉, 자녀가 없는)도 찾기 힘들다.

다행히 나는 이 짜증나는 상황을 오히려 즐길 수 있는 기발한 아이디어를 착안해냈다. 이름하여 '플레이데이트 파이터 클럽(Playdate Fight Club)'! 어차피 매번 싸움판이 벌어질 바에야 돈을 걸고 제대로 한 번 싸워보는 것도 괜찮다 싶었다. 재미도 있고.

이제 우리 딸은 놀다가 좀 지겨우면 바로 싸움을 건다. 나는 다른 부모에게 사과하는 대신 짭짤한 수입까지 올리고 말이다. 무엇보다 중요한 것은 이 소식을 들은 내 멋진 친구들(자녀가 없는)이 다시 내 주위에 모이기 시작했다는 것이다.

663일째 : ~척하기 놀이

우리 딸은 요즘 '~척하기 놀이'에 흥미를 보이는 중이다. 특히 온갖 종류의 '가게'를 상상의 무대로 삼는다. 가뜩이나 아내도 없고 해서 발 관리 해줄 사람도 없는데 마침 잘됐다.

발톱 손질을 비롯한 발 관리를 해주는 '페디큐어 스토어(pedicure store)'놀이는 내가 지금껏 앨리스와 해본 놀이 중에 최고인 것 같다. 간절히 바라던 서비스를 받을 수 있을 뿐 아니라 가짜 지폐로 지불하면 그만이라 여간 흡족하지 않다.

오늘 처음 하는 것치고 딸아이의 솜씨가 보통이 아니다. 내 발에 붙어 있던 모든 각질이 말끔히 제거되었다. 한 가지 마음에 걸리는 게 있다면 앨리스가 선택한 페디큐어의 색상 정도?

AliceBee
WORLD'S BEST FATHER
The Washington Post
SPORTS
These cheers at Arrowhead deserve only jeers
LEARNING ON THE RUN
Redskins and QB Robert Griffin III must work together to protect the rookie
Ryan is on verge of elite status
Closed for the season
Schemes to protect a battered QB
HAND GRENADES
LOT LS-83-D58-007

669일째 : 나누면 행복하다

아빠 혼자 아이를 키우려니 무엇보다 사생활이 없다는 게 가장 힘들다. 앨리스비는 무슨 육감이라도 있는 걸까? 내가 혼자만의 시간을 가져보려고 기회를 엿볼라치면 용케도 알아챈다. 마치 제 집을 찾아 돌아오는 비둘기처럼 정확히 내가 있는 장소를 알고 찾아온다.

심지어 매일 아침 찾아가는 나의 신성한 '독서 공간'까지도 앨리스의 방해로부터 자유롭지 못하다. 문을 쾅쾅 두드리며 "아빠, 나도 지금 응가할 거야!"라고 소리소리 지른다. 하지만 다행히 뭐든 사이좋게 나누어 써야 한다는 나의 교훈을 아이가 이해하기 시작한 것 같다. 앨리스는 위쪽에서, 나는 아래쪽에서 각자의 볼일을 보기로 한 후부터 아이는 대단히 만족해하고 있다.

The Washington Post
SPORTS
Zito keeps Giants' season alive
GIANTS 5, CARDINALS 0
For baseball's big spenders,
not much bang for the buck
Redskins continue
to search downfield
United's path is clear:
Playoffs with a point
WORLD'S BEST FATHER

691일째 : "당황하지 마, 인생이란 그런 거야"

나는 가을이 너무 좋다. 무엇보다 대학 미식축구가 있고, 거기에 청명한 날씨와
총천연색의 낙엽, 그리고 역시 대학 미식축구가 있으므로.

유일한 골칫거리라면 그 많은 낙엽을 다 치워야 한다는 것. 여느 때 같으면 나는
거실에서 미식축구나 보고 이런 일은 아내가 다 알아서 했겠지만 올해는 그녀가
없으니 별도리가 없다. 하지만 다행스럽게도 귀찮은 일을 처리할 조력자가 옆에
있긴 하다.

우리는 오늘 근처 철물점에서 유아용 갈퀴를 하나 구입했다. 앨리스는 너무 신
나했다. 아이는 정원의 낙엽을 전부 긁어모으더니 산더미같이 쌓아올렸다. 딸이
잠깐 쉬는 동안 나는 낙엽더미에서 신나게 놀았다. 아이는 자기가 애써 쌓아둔
낙엽이 다시 흩어지자 약간 당황하는 듯했지만 뭐 그런 것도 다 가을에만 누릴
수 있는 특권이랄까?

WORLD'S BEST
FATHER

701일째 : 앨리스는 몰랐다

추수감사절이 돌아왔다. 다시 한 번 엄청난 양의 칠면조를 먹어치우는 일이 기다리고 있다. 앨리스는 기존에 구이로 해먹는 조리법이 아닌 다른 방법을 써보자며 몇 주 전부터 졸랐다. 나는 결국 그 성화에 못 이겨 아이의 용돈으로 칠면조 튀김기를 사도록 허락해주었다. 텍사스에 사는 촌뜨기 내 동생 케니스는 해마다 이 튀김기를 사용한다. 아주 그냥 고생을 사서 한다.

앨리스는 내가 미식축구에 몰두하는 사이 벌써 튀김기 설치를 마쳐놓았다. 하지만 늘 그렇듯 우리 딸은 디테일에 좀 약하다. 튀김기 안에 땅콩 기름을 가득 채워놓는 것을 깜박한 것이다. 게다가 조금 전에는 칠면조를 해동하려다가 나한테 들키기까지 했다. 부글부글 끓는 기름에 언 채로 풍덩 빠뜨려야 풍미를 그대로 간직할 수 있다는 것도 모르다니….

701일째 : 아니, 앨리스가 옳았다!

인정한다. 앨리스 비가 옳았다. 일단 칠면조를 해 동시켜야 했던 것이다. 게다가 기름 불꽃에 물을 부으면 사태가 더 심각해진다는 것을 내가 무슨 수로 알았겠나? 천만다행으로 우리 똑똑한 딸이 소화기를 가져와 진화작업에 나서는 덕분에 한 시름 놓았다.

726일째 : 미술이라면 이 정도는 되어야지

이틀 후면 우리 부녀는 진을 만나러 서울에 간다. 앨리스는 너무 기뻐하며 엄마에게 선물할 미술 작품을 함께 만들자고 제안했다.

열띤 토론 끝에 우리는 마침내 반짝이 초상화로 의견일치를 보았다. 사실 내가 만든 작품을 앨리스가 본다면 자신감이 좀 위축될까 걱정이다. 물론 아내는 애써 아이 작품에 더 많은 찬사를 보내겠지만 나는 미술에 관한 한 정말 타의 추종을 불허하는 인물이다. 게다가 말이 나왔으니 말인데 반짝이 아트 자격증까지 획득하신 몸이다.

WORLD'S BEST FATHER
WORLD'S BEST

728일째 : 아빠는 강남스타일

앨리스 비와 나는 드디어 서울에 도착했다. 진이 공항에 마중을 나와 있었다. 나는 아내에게 그녀의 군용 텐트 안에 우리 부녀의 잠자리까지 만들 수 있겠냐며 물었다. 그러자 그녀는 텐트가 아니라 이태원 도심 한복판의 현대식 아파트가 자기 숙소라며 뻐기는 거였다.

앨리스는 엄마와 재회한데다 한뎃잠을 자지 않아도 된다니 신이 난 듯 보였다. 하지만 아파트의 위치에는 좀 실망하는 눈치였다. 자기가 제일 좋아하는 댄스곡에 등장하는 강남이기를 은근히 기대했었나 보다.

WORLD'S BEST
FATHER

앨리스와 함께 한 세 번째 해

아버지 말씀대로 정말 부전여전이라니까. 으이구~ 사랑스러운 것!

734일째 : 할머니가 보내준 '세계 최고'의 선물

올 크리스마스에도 우리 어머니는 모두를 깜짝 놀라게 하셨다. 우선 서울에 있는 진의 아파트로 미국에서 보낸 선물이 무사히 도착했다는 사실이다. 더구나 어머니가 우리 세 사람에게 보낸 선물은 모두 예사롭지 않았다.

먼저 앨리스 비와 나에게는 '세계 최고~'라는 문구가 들어간 티셔츠를 보내셨다. 우리 부녀가 이 커플티를 입고 서울 한복판을 누빈다면 참 꼴좋게 생겼다.

사실 아내를 만족시킬 선물을 찾기가 쉽지 않은 것은 사실이다. 진은 시어머니의 선물을 그리 달가워하지 않는 눈치였지만 내가 던진 위로의 말에 그녀의 기분도 조금 나아졌다.
"그래도 당신 양말에 '세계 최고 며느리'라는 문구는 없잖아?"

WORLD'S BEST
FATHER
World's Best
Daughter
WORLD'S BEST
FATHER

735일째 : 앨리스, 삼륜차 스턴트맨이 되다

올해 초 앨리스가 공주풍 자동차를 타고 아래층으로 내달린 사건 이후 아내는 그 차를 몰수했다. 아이가 더 크면 돌려주겠다나.

애지중지하던 자동차를 빼앗긴 우리 딸은 슬픔에 빠졌다. 그 모습을 지켜보는 내 가슴도 무너졌다. 하지만 만약 아이에게 차 열쇠를 돌려주면 내 자동차까지 몰수하겠다는 아내의 으름장에 나는 꼼짝 할 수가 없었다. 대신 아이에게 위안이 될 오토바이 스턴트맨 이블 크니블(Evel Knievel) 비디오를 소개해 주었다. 지난 6개월 동안 앨리스는 이 영상을 보고 또 보며 집착에 가까운 증세를 보였다.

희소식이 생겼다. 드디어 아내가 크리스마스 기분을 한껏 내기 시작한 것이다. 앨리스에게 직접 두 발로 굴리는 삼륜차를 사준 것이다. 바닥 난방이 되는 서울의 아파트에 정말 딱 안성맞춤인 장난감 아니겠는가? 앨리스가 이 아빠 옆으로 살그머니 다가와 이렇게 속삭였다.
"아빠, 월요일에 엄마 일하러 나가면 우리끼리 이블 비니블(Evel Beenievel, 아이가 자기 이름 Bee를 넣었음-역주) 스타일 스턴트 놀이해요."
그나저나 그때까지 어떻게 기다리지?

WORLD'S BEST
FATHER

737일째 : 신라면 한 사발, 생수 한 통

이곳 서울은 매운 음식의 천국이다. 나는 영 이 상황에 적응이 안 되고 있다.

오늘만 해도 그렇다. 앨리스에게 점심 좀 차려달라고 했더니 자기 엄마의 식량 저장고에서 이것저것 꺼내온 재료들로 후다닥 한 상을 차려냈다. 매콤한 김치, 쌈장을 찍은 풋고추, 신라면 블랙 한 사발.

그런데 의외로 아주 맛있었다. 하지만 퇴근한 아내는 꽤 당혹스러워했다. 우리가 일주일치 생수를 전부 마셔버렸기 때문이다.

Alice
11/5/12
Aa for avocado
A For Asparragus
Alice   Alice
WORLD'S BEST FATHER
GLORY

738일째 : 화장실의 변신은 무죄

서울에서 진이 머물고 있는 아파트의 최대 매력 포인트가 무엇인지 아는가? 바로 근사한 변기를 꼽을 수 있다. 온갖 색깔의 불빛과 신비한 버튼이 장착되어 있기 때문이다.

그렇다면 진의 아파트의 최대 문제점이 무엇인지 아는가? 이것 역시 근사한 변기라 답하겠다. 온갖 색깔의 불빛과 신비한 버튼이 장착되어 있기 때문이다.

743일째 : 앨리스는 보조 요리사

지난밤 아내를 소스라치게 놀라게 한 일이 벌어졌다. 우리 부녀는 저녁으로 먹기 위해 불고기를 만들고 있었다. 그런데 앨리스가 지글거리는 불판 바로 옆에 앉아 있는 모습을 아내에게 들킨 것이다. 지난 몇 달을 이렇게 지내왔어도 아무 문제없었다며 설득하려 했지만 아내는 아예 들으려 하지 않았다.

새로운 금기조항이 또 하나 생긴 것이다. 이런 일방적이고 쓸데없는 원칙 때문에 자칫 앨리스의 주방 보조 역할이 힘들어지는 건 아닐까 내심 걱정도 되었다. 하지만 오늘 아침이 되어서야 나는 아내의 논리가 이해되기에 이르렀다. 레인지 후드가 아이에게 훨씬 더 안전한 장소라는 생각을 그녀도 했나 보다.

아침 식사로 먹은 달걀에 평소보다 껍데기가 조금 더 들어가 있긴 했지만 우리 똑똑한 딸이 평소와 다른 위치에서 이 아빠를 보조하려면 앞으로 몇 차례의 시행착오는 그러려니 해야 할 것이다.

WORLD'S BEST
FATHER
WORLD'S BEST
FATHER

744일째 : '한손잡이 개똥벌레' 자세를 개발하다

진과 앨리스 모녀는 서울에서 지내는 동안 함께 요가를 즐기고 있다. 매일같이 둘이 붙어 앉아서 무슨 '고개 숙인 강아지' 같은 희한한 동물 자세를 하고 있다. 도저히 불가능해 보이는 자세여서 나는 그저 보는 것만으로도 허리가 아픈 기분이 든다.

그러나 앨리스가 요가에 어찌나 열을 올리는지…. 게다가 두 사람이 이런 동작을 하는 동안 너무나 끈끈한 정을 과시하는 통에 나도 모르게 호기심이 발동했다. 그래서 오늘은 딸아이에게 몇 가지 동작을 가르쳐달라고 조심스럽게 부탁했다.

그런데 막상 해보니 요가라는 게 별로 어렵지 않았다. 끝날 때가 되자 나는 심지어 새로운 요가 자세를 개발하기에 이르렀다. 그중에는 일명 '한손잡이 개똥벌레' 포즈가 있는데 조만간 특허를 내서 만천하에 전파할 생각이다.

WORLD'S BEST
FATHER

747일째 : 앨리스를 빨리 재우는 가장 확실한 방법

이곳 서울 집에서 앨리스를 재우는 일은 우리 집에서보다 훨씬 더 힘들다. 시차 적응이 덜된 탓도 있겠지만 침대 크기가 크다보니 도망 다니기가 쉬워진 것이다.

오늘 밤도 정말 끔찍했다. 화장실을 6번이나 들락거렸고 야참 세 번에 책 일곱 권을 읽어주었다. 참고로 첫 번째 책이 조지 마틴의 판타지 소설 『왕좌의 게임(Game of Thrones)』 무삭제본이었다. 하지만 앨리스는 전혀 잘 생각이 없어 보였다.

따뜻한 우유를 먹이면 효과가 있을 거라 생각했지만 그나마도 다 떨어지고 없었다. 그런데 '막걸리'라는 음료가 초록색 페트병에 들어 있었다. (아마 '막걸리'는 우유라는 뜻인 것 같다) 나는 딸아이에게 한 잔 가득 따라주었다. 그러자 신기하게도 아이는 금방 잠이 들었다.

나중에서야 이 막걸리라는 것이 밀과 쌀을 발효시켜 만든 술의 일종이라는 사실을 알게 되었다. 아~ 그래서 빛깔이 우윳빛이었구나! 이제부터 앨리스 재우기는 식은 죽 먹기다.

WORLD'S BEST FATHER
DUNCTON WOOD
YONGSAN

748일째 : 마침내 나만의 공간이!

아침 9시

밤마다 딸아이와 씨름하느라 온라인 게임 동지들과의 유대가 예전 같지 않다. 서울에 도착한 이래 지금껏 고작 고래 몇 마리와 용 한 마리를 무찌른 게 전부다.

앨리스에게 다시는 막걸리를 먹이지 말라는 아내의 불호령이 떨어졌기 때문에 다른 방법을 찾아야 했다. 드디어 이 아파트의 장점을 활용할 차례가 된 것이다. 거실 전체를 발코니 유리창이 에워싸고 있는데 이 발코니는 실내보다 상당히 춥긴 해도 완벽한 방음이 된다는 사실!

밤 11시

거실 발코니는 우리 딸이 캠핑 놀이하기에 딱 좋은 공간인 것 같다. 약간의 건포도와 물병 몇 개, 그리고 침낭만 넣어주면 나만의 공간에서 적을 물리칠 충분한 시간 확보, 끝!

세계 최고 아빠
WORLD'S BEST FATHER

751일째 : 김치 담그기에 도전하다

마침내 이곳의 매운 음식에 익숙해지고 있다. 심지어 김치에는 심각한 중독 증세까지 보이고 있다.

오늘 앨리스를 위해 깜짝 선물을 준비했다. 김칫독을 비롯해 김치 담글 때 필요한 모든 재료를 사왔다. 우리 둘이서 직접 김치 담그기에 도전하려는 것이다.

역시 우리 딸은 여기서도 유감없이 실력을 발휘했다. 배추를 소금에 절이는 작업에서부터 양념에 버무리기까지 정말 없어서는 안 될 조수다. 덕분에 나는 냄새 나는 젓갈을 만질 필요도 없었고 고춧가루 때문에 손이 화끈거리는 고통 역시 겪지 않아도 됐다.

755일째 : 아이에게 채소를 먹이는 효과적인 방법

지난밤 아내는 또다시 잔소리를 늘어놓았다. 점심때 아이에게 채소 좀 챙겨 먹이라면서. 독심술이라도 생긴 것인지 그녀는 이 소리도 빼먹지 않았다.
"여보, 젤리 빈(jelly bean)은 콩 모양을 한 젤리지, 진짜 채소가 아니야. 그리고 말이야. 당신 어렸을 때 레이건 정부에서 뭐라고 떠들었는지 모르지만 케첩은 분명 반찬이라고 볼 수 없어."

아내가 정한 다른 조항에 비해 이 채소 먹이기 조항을 이행하는 데 내가 좀 게을렀다는 점은 인정하겠다. 하지만 아이 밥 먹이기가 보통 힘든 게 아니다. 영원히 끝날 줄을 모르니 말이다. 특히 콩 같은 채소가 있으면 상황은 걷잡을 수 없게 된다. 솔직히 크기나 모양을 보면 입보다는 코 쪽으로 넣고 싶게 생기지 않았는가? 더구나 나처럼 바쁜 사내가 애 밥 먹이느라 매번 한 시간 반씩 실랑이를 벌인다는 게 말이 되느냐고? 그놈의 영양이 뭐라고 이 난리를 떠는지….

하지만 이제 골치 아픈 상황도 끝이 났다. 내가 가진 온갖 비디오 장비를 동원해서 집안 어디서나 화상으로 아이를 통제할 수 있게 해놓은 것이다. 나는 컴퓨터로 다른 일을 하면서 동시에 앨리스가 콩을 먹고 있는지도 감독할 수 있게 되었다.

세계 최고 아빠
WORLD'S BEST
FATHER
HELLO OTTER

758일째 : 매일 아침 커피 대신 한국 전통차 마시기

여행을 할 때마다 앨리스는 그 지역의 문화를 체득하려고 애쓰는 편이다.

미국에 있을 때는 매일 아침 커피를 가져다주던 딸아이가 이곳에서는 매일 오후 한국 전통차를 마시야 한다며 나를 설득하고 있다. 심지어 이 의식을 시작하기 전에 한복까지 곱게 차려입고 등장한다.

처음에는 약간 망설이기도 했지만 점차 이 의식의 매력에 빠져들기 시작했다. 왠지 사람을 편안하게 해주는 구석이 있어 보인다. 앨리스는 먼저 찻잎을 섬세하게 닦아낸 다음 다기 안에 넣는다. 그런 다음 그 위에 조심스럽게 뜨거운 물을 부어준다. 그리고 마시기에 딱 좋은 온도로 식을 때까지 기다리는 동안 혹 이 아빠가 심심할까 봐 그러는지 한국어로 된 스포츠 신문을 가져다준다. 정말 어디서 이런 복덩이가 굴러왔는지 모르겠다.

일간스포츠
W.
KOREA FOOTBALL ASSOCIATION
"주영이, 동국이
한방 쓰게 해야겠다"
루수 대호
태균
WORLD'S BEST
FATHER

760일째 : 아내의 진짜 속마음은 무엇일까

내일이면 앨리스 비와 나는 다시 미국으로 돌아간다. 우리가 떠나고 나면 아내는 그 빈자리가 뼈에 사무치겠지? 우리가 오고 나서 집안 꼴이 엉망이 되었다며 억지소리를 하는 것만 봐도 알 수 있다. 아파트가 너무 불결하고 지저분해졌다, 변기를 고장 내서 집주인이 엄청 화났다, 온 집안에 설익은 김치 냄새가 진동한다 등등. 그녀의 넋두리가 도를 지나치고 있다. 우리가 떠나면 엄습할 허전함을 애써 숨기려고 지금 방어기제를 쓰고 있는 게 분명하다.

하지만 만에 하나, 그녀의 불평 속에 약간의 진심이 담겨 있을 수도 있기에 아내가 일하러 간 사이 앨리스에게 집안 대청소를 시켰다.

772일째 : 앨리스와의 TV 주도권 전쟁

우리 부녀는 무사히 집에 돌아왔다. 다시 평상시와 다름없는 주말 일정을 소화하고 있다. 다시 말해 낮에는 앨리스가 자기가 보고 싶은 프로그램을 시청하고 밤에는 내가 TV를 독점하면서.

오늘은 연중 가장 중요한 축구 경기가 있는 날이다. 나는 앨리스와의 교대시간을 눈이 빠지게 기다렸다. 저녁 6시 30분만 되면 우리 둘이 사이좋게 TV 앞에 앉아 멋진 응원의 시간을 가질 생각이었다. 나는 이 짜릿한 순간을 만끽하기 위해 오후 내내 많은 것을 준비했다. 미리 각 선수의 기량을 인터넷으로 조사해두는가 하면 시원한 맥주에 심지어 팝콘까지 한 바가지 튀겨놓았다.

정확히 6시 30분이 되자 나는 서둘러 TV 앞에 자리를 잡았다. 스포츠의 은혜에 푹 잠길 채비를 하고서. 하지만 불행히도 앨리스 비는 아빠에게 양보할 기세가 아니었다. TV 앞에서 아예 꼼짝도 하지 않는 게 아닌가? 알고 보니 자기가 제일 좋아하는 만화영화가 연달아 방영되고 있는 거였다. 이게 다가 아니다. 녀석은 내가 차갑게 준비해둔 맥주에까지 손을 댄 것이다. 한 잔 하셨으니 더욱 호전적이 되셔가지고 어떻게 손쓸 방법이 없었다.

WORLD'S BEST FATHER
6:30pm

792일째 : 같은 책을 좋아하는 서로 다른 이유

나는 솔직히 우리 딸이 잠자리에서 읽어달라고 하는 책이 대부분 맘에 들지 않는다. 책의 반 정도는 도대체 제대로 된 플롯이 없다. 토끼 그림 여덟 장이 무슨 이야깃거리가 된다는 건지…. 그 나머지 책들도 도대체 말도 안 되는 내용이라서 읽을 때마다 사실 표정관리가 힘들다.

앨리스와 나 두 사람이 모두 인정하는 책은 오로지 한 권뿐이다. 『사과 쌓기(Ten Apples Up On Top)』라는 동화인데 닥터 수스(Dr. Seuss)의 초기 작품 중 하나다. 아마 그가 박사가 되기도 전에 쓴 책일 것이다. 이 책은 친구 사이에 존재하는 강렬한 경쟁심을 아주 뻔뻔하게 묘사하고 있다. 나는 바로 그런 점이 마음에 든다. 반면 앨리스가 이 책을 좋아하는 이유는 단지 사과가 나오기 때문이다.

Ten
Apples
Up On
Top!
by Theo. LeSieg
Illustrated by Roy McKie
WORLD'S BEST FATHER
1330 00 133 8244-G881
30 GRENADE HAND FRAG
DELAY M67 W/FUZE M213
WT 56

808일째 : 아이를 잠 재우는 또 하나의 방법

나는 요즘 통 밤잠을 못 자고 있다. 앨리스 재우기가 갈수록 어려워지고 있기 때문이다. 아마도 유전적 요인이 있는 것 같다, 내 20대를 떠올려보면. 나는 그 시절 일단 파티에 갔다하면 끝장을 보는 스타일이었다. 혹시라도 내가 자리를 뜨고 나서 더 신나고 멋진 일이 벌어질까 봐 마지막까지 파티 장소를 뜨지 못했다. 아마 우리 딸도 그 당시 나와 비슷한 생각을 하고 있는 것 같다. 다른 사람은 여전히 깨어서 뭔가 재미를 보는 것 같은데 자기만 먼저 자는 게 찜찜해서 계속 이런저런 구실을 대며 잠자리를 피하는 건 아닐까?

가까스로 아이를 재웠더라도 상황이 종료된 것은 아니다. 앨리스는 아주 고약한 버릇이 생겼는데 자다가도 중간 중간 일어나 밤새 나를 깨워대는 것이다.

하지만 내게도 묘책이 있다. 옷장 안에 괴물이 산다고 세뇌만 시킬 수 있다면 아이는 밤새 침대 밖으로 나올 엄두를 내지 못할 것이다. 그럼 나도 실컷 밤잠을 즐길 수 있고 말이다.

WORLD'S BEST
FATHER

823일째 : 도대체 도시락에 무엇을 싸주어야 하지?

그동안 앨리스의 도시락에 뭐가 들어 있는지 별 관심을 갖지 못했다. 그저 아이가 전날 밤에 미리 뭔가를 챙겨 넣는 것을 알고는 있었다. 유치원에 갈 때 도시락 가방을 빼먹지 않도록 신경 써주기도 벅찼으므로.

그런데 어제 앨리스가 다니는 유치원의 원장 선생님이 전화를 했다. 아이 도시락 문제로 여러 차례 쪽지를 전달했는데 왜 답장이 없느냐는 거였다. 나는 그런 쪽지 받은 적 없다고 해명했다. 원장 선생님의 불만인즉, 우리 딸이 도시락으로 항상 땅콩버터 샌드위치만 싸온다는 거였다. 이런 행위는 유치원 세계에서는 서로 물어뜯거나 다른 아이와 물건을 나누어 쓰지 않으려는 행동만큼이나 심각한 문제라고 했다. 땅콩버터 알레르기가 있는 아이들이 급증하는 추세여서 어쩌고 저쩌고….

그래서 나는 오늘 생전 처음 딸아이의 도시락을 싸주었다. 이 정도면 원장 선생님도 아무 말 못할 거다. 심지어 다른 애들하고 나눠먹으라고 치폴레(chipotle, 빨갛게 익은 할라피뇨 고추를 건조시킨 후 훈연한 것으로 멕시코 음식에 들어가는 소스를 만든다-역주)까지 넉넉히 담았다. 나 같은 아빠 있으면 나와 보라고 해!

Chipotle
HOOK 'EM HORNS
WORLD'S BEST
FATHER
THICK CUT
CHERRY
Alice Bee

830일째 : 부활절 달걀의 비밀

다시 부활절이 찾아왔다. 해마다 찾아오는, 칼로리 계산하기 좋아하는 그 부활절 토끼가 지금 아시아 대륙으로 떠났기 때문에 올해는 내 몫의 초콜릿 토끼와 크림으로 속을 채운 초콜릿 달걀이 엄청나게 늘었다.

앨리스 비도 아래층에 내려왔다가 아빠가 자기를 위해 집안 여기저기 숨겨둔 화려한 달걀을 발견하자 너무 좋아했다. 지난밤 다른 부활절 토끼가 앨리스의 달걀을 완벽하게 염색해 놓은 것이다. 그런데 불행히도 아시아에 있는 진짜 부활절 토끼가 먼저 달걀을 삶고 나서 염색하라는 지시를 깜빡했다지, 아마?

WORLD'S BEST
FATHER

837 일째 : 요리만큼은 부전여전

우리 딸은 바야흐로 요리의 달인이 되어가고 있다. 나는 아내의 지시를 존중하는 착한 남편이니 여전히 불 옆에 앉는 것은 금하고 있지만, 이제 오븐 손잡이를 딛고서면 가스레인지에 충분히 손이 닿는다.

부엌에서 앨리스의 활동 반경이 넓어지자 우리 집은 맛의 르네상스를 맞이하게 되었다. 특히 요리할 때 드러나는 딸아이의 섬세함과 완벽주의적 성향을 보고 있노라면 내가 처음 요리하던 그 시절이 떠오른다. 우리 아버지도 말씀하셨지만 정말 부전여전이라니까.

앨리스가 얼마나 요리 삼매경에 빠져 있는지를 단적으로 보여주는 사건이 오늘 벌어졌다. 팬케이크 마스터하기에 도전한 것이다. 사실 팬케이크는 대충 원형으로 만들면 된다는 게 대다수 요리사의 생각일 것이다. 하지만 우리 딸에게는 어림없는 소리! 앨리스는 완벽한 형태를 갖출 때까지 계속해서 반죽을 붓고 뒤집었다.

모든 작업이 끝나자 내 앞에는 산더미 같은 팬케이크가 놓여 있었다. 전부 먹어치우느라 장장 다섯 시간이 걸렸다. 메이플 시럽 세 병과 소화제 수십 알이 필요했지만 결국 다 먹고야 말았다. 사실 맛으로만 친다면 맨 처음 만든 게 제일 맛있었다. 으이구~ 사랑스러운 것!

WORLD'S BEST FATHER
THE PENN RELAYS KICKS OFF THE SPRING OUTDOOR TRACK AND FIELD SEASON, B-3
SPORTS
SILVER SPRING
ranch grad joins Nationals organization

843일째 : 고양이 캣지와 엘리엇도 나의 부양가족이라고?

나는 세금 내는 일에 전혀 불만이 없다. 진심이다. 내가 어렸을 때 훔쳤던 그 많은 도로 표지판과 시도 때도 없이 걸었던 소방서 전화(가짜와 진짜 모두 합쳐서)를 생각해보면 나라에서 그 비용을 모두 어디서 충당했겠나? 게다가 군 중령인 내 아내와 부부싸움이라도 하는 날에는 "그러셔? 당신 월급이 내가 낸 세금에서 나온다는 사실은 알고 있어?"라고 통쾌하게 한마디를 던질 수 있으니 말이다. 해마다 세금 고지서가 날아올 때 이 생각만 하면 뿌듯한 미소가 절로 번진다.

세금 납부는 항상 아내가 처리해왔지만 올해는 해외 체류 중인 관계로 앨리스에게 바통이 넘어왔다. 그런데 희소식이 있다. 우리 딸의 계산에 의하면 나는 이번 해에 상당한 액수의 환급금을 받게 생겼다. 지금껏 몰랐는데 앨리스의 말이 고양이 캣지와 엘리엇도 부양가족에 포함시켜야 한다는 것이다. 세법을 공부한 우리 딸이 허튼소리 하겠는가?

WORLD'S BEST
FATHER

지난주 앨리스를 데리고 일터로 향하는데 라파예트 공원에 한 무리의 시위대가 있었다. 시위장면을 목격한 우리 딸은 호기심이 발동했는지 대답하기 곤란한 질문을 이것저것 퍼부었다. 나는 하는 수 없이 정 그렇게 궁금하면 시위주동자에게 직접 가서 물어보라고 일렀다. 그날 이후 나는 이 일에 대해 까맣게 잊고 있었다.

그런데 오늘 아침 침실 밖에서 이상한 소리가 들려 잠이 깼다.
"앨리스에게 정당한 권리를 보장하라! 안 그러면 더 이상 콩을 먹지 않겠다!"
아이는 온갖 인권침해 사례를 들먹였다. 강제로 낮잠을 재우는 일에서부터 과일 간식을 한 시간에 한 번만 주는 처사(법에 명시된 최소 기준에 미달이라면서)에 이르기까지. 오늘이 노동절이니 경영진의 부당한 처우에 대해 자신의 억울함을 호소할 절호의 기회라고 생각했나 보다.

장장 6시간에 걸친 마라톤 협상 끝에 우리 양측은 노사합의서에 서명했다. 이 합의서에는 앨리스의 기존 취침시간을 30분 연장해주는 대신 이 아빠를 위해 눈이 오나 비가 오나 아침마다 스포츠 신문과 커피를 준비한다는 조항도 포함했다.

More Snacks, Less Naps!!
WORLD'S BEST FATHER
WTF, WBF?
10:30 Bedtime!

865일째 : 내가 정말 알아야 할 모든 것은 유치원에서 배웠다

한국 방문 때도 느꼈지만 우리 딸은 열정적으로 타문화와 그들의 전통을 존중한다. 이것은 우리가 작성한 노사합의서에도 반영되어 있다. 앨리스가 유치원에서 배운 여러 나라의 경축일을 우리 가정에서도 그대로 준수해야 한다는 것이다.

일례를 들자면 오늘 아침, 앨리스 비가 가져다준 스포츠 신문은 스페인어로 되어 있었다. 어찌 된 일인지 묻자 아이는 오늘이 5월 5일 멕시코의 전승 기념일인 싱코 데 마요(Cinco de Mayo)이므로 이날을 경축하며 보내야 한다고 했다.

군에 종사하는 사람답게 아내는 항상 상비품이 바닥나지 않게 구비해두는 습관이 있다. 마요(마요네즈를 줄인 말-역주) 정도야 뭐 얼마든지 있다. 세어보니 최소한 오초(ocho, 스페인어로 8을 뜻한다-역주) 개의 마요 통이 있다. 자~ 이제 우리 딸의 소원을 들어줄 모든 준비 완료! 그런데 어찌 된 영문인지 정작 앨리스는 그다지 반기는 기색이 아니다. '마요'가 마요네즈가 아니라 스페인어로 5월을 의미하는 거라 우기면서 말이다. 그러면서 나더러 좀 제대로 된 경축행사를 하면 안 되겠느냐며 짜증이다. 이 아빠의 성의를 그런 식으로 무시하다니….

El Tiempo Latino
Deportes
En la Liga de Woodbridge
La acción no tiene lí
WORLD'S BEST FATHER
UNO
DOS
TRES
CUATRO
CINCO

879일째 : 내 우산은 어디에

(오늘 아침 아내와 나눈 화상 통화 내용)

일병 데이브: 지금 비 와. 그런데 내 우산이 어디 —

중령 진: 앨리스한테 장화 신기고 꼭 —

일병 데이브: 우산이 어디 있는지 —

중령 진: 우산 챙겨가게 해.

일병 데이브: 앨리스한테 우산이 있다 이거지?

중령 진: 그래, 명심해. 그거 당신 거 아니라고.

일병 데이브: 어디 있는데?

중령 진: 애 옷장에. 당신이 쓰고 가지마!

일병 데이브: 찾았다!

중령 진: 빨리 애한테 돌려줘!

일병 데이브: 걱정 마. 앨리스에게 들게 하고 같이 쓸 거니까.

WORLD'S BEST
FATHER

906일째 : 나에게 어울리는 슈퍼 히어로는?

오늘 밤 잠자리에 들기 전 앨리스 비가 이런 제안을 했다. 올해 아버지의 날에는 슈퍼 히어로 놀이를 하며 보내면 어떻겠냐고. 자기가 벌써 내게 어울리는 인물을 골라두었다면서 말이다.

작년처럼 침대에서 아침상을 차려주는 게 아니라서 처음에는 좀 실망했다. 하지만 슈퍼 히어로라는 단어를 듣자 나는 너무 신이 났다. 앨리스가 이 아빠에게 어떤 영웅 역할을 맡길지 기대가 이만저만이 아니다. 슈퍼맨인가? 아이언맨? 아니다. 내가 제일 좋아하는 배트맨이 분명하다. 맞아, 배트맨이 좋겠어.

SUPERSTAR
BASKETBALL
WORLD'S BEST FATHER

912일째 : 우리 집 서열 1위가 없으면?

이제 아내가 돌아올 날이 일주일도 안 남았다. 우리 집 서열 1위가 복귀하는 이 마당에 앨리스와 내가 여유 부릴 때가 아니다.

사실 아내가 없는 동안 우리 부녀는 온갖 금기사항을 다 저지르고 다녔다. 스프레이 치즈를 병째 들고 직접 입안으로 분사하는가 하면 변기 의자를 올린 채 소변을 보았다. 앨리스가 무리 없이 이 자세를 소화했기 때문이다. 또 휘핑크림으로 거대한 눈사람도 만들고 저녁식사 대신 과일과 초콜릿 케이크만 먹기도 했다. 역시 후식은 휘핑크림으로 만든 거대 눈사람이 최고다.

나는 딸에게 우리의 사령관이 복귀하기 전 마지막으로 해보고 싶은 게 뭐냐고 물었다. 그러자 아이는 일 초의 망설임도 없이 이렇게 말했다.
"내 작은 자동차를 운전해보고 싶어!"
하지만 아내의 엄명을 어길 순 없는 노릇이다. 결국 우리는 다른 것을 선택했다. 봉지 열고 팝콘튀기기! 얼마나 재미있었는지 모른다. 게다가 가스레인지 전용 팝콘이니 분명 아내가 하라는 대로 한 것이다.

WORLD'S BEST FATHER

918일째 : 새로운 시작을 향해 질주하다

오늘은 어마어마한 날이다. 앨리스 비와 나는 진을 마중하러 공항으로 향하고 있다. 그녀는 서울에서 지난 일 년을 보내고 오늘 귀국한다. 사랑하는 아내와 우리 공주님을 위해 나는 깜짝 선물을 준비했다.

사실 아내가 없는 동안 나는 그녀가 지시한 목록을 내 나름대로는 최선을 다해 이행하려고 노력했다. 특히 앨리스 비가 장난감 자동차를 운전하지 못하게 하라는 특명은 어긴 적이 없다. 단, 진이 모르는 게 한 가지 있다. 내가 그동안 비디오 게임 장비와 GTA 4 운전 시뮬레이션 프로그램(청소년 불가 등급의 자동차 액션 게임이다-역주)을 활용해 비밀리에 아이에게 운전지도를 해왔다는 사실을. 물론 초반에는 쉽지 않았지만 우리 똘똘한 딸내미는 운전의 기본기를 금방 터득했다. 요즘엔 GTA 4의 배경도시인 리버티 시티(Liberty City)의 가상공간을 마음껏 누비며 질주 본능을 불태우는 지경에 이르렀다.

나는 우리 세 식구가 재회하는 순간을 지난 며칠 곰곰이 구상해두었다. 일단 공항에 도착하겠지? 그런 다음 내가 미리 준비해간 차가운 맥주를 진에게 건네며 우리 부부는 나란히 자동차 뒷자석에 자리를 잡을 것이다. 그럼 우리 딸이 운전석에 떡 하니 앉아 백미러로 우리를 보고 씩 웃는 거다. 그러고 나서 이 가슴 떨리는 순간을 자축하는 의미에서 전속력으로 집까지 질주하는 거지 뭐. 야호! 아내의 놀란 표정을 빨리 봐야 하는데….

TEXAS
SUPERST
BASKETBALL
CHOOL
WORLD'S BEST
FATHER

제작일지

사랑하는 가족과의 잊지 못할 시간을 사진으로 남기고 싶은 당신을 위한 팁

하나,
유능한 조력자를
활용하라

둘,
리허설은
필수다

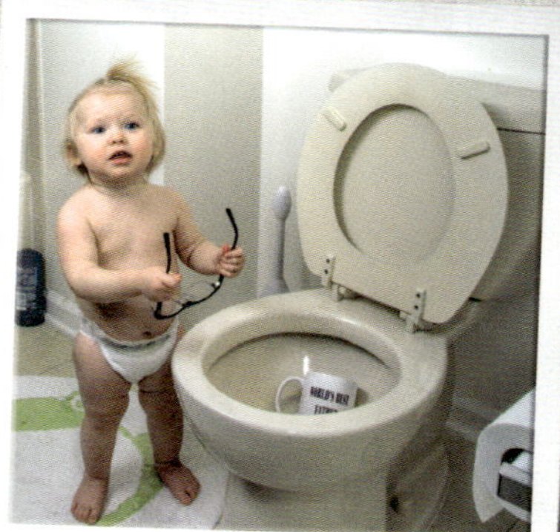

셋,

뮈든
즐기며 해라

넷,

먹는 게
남는 거다

다섯,
일단 많이 찍고 볼
일이다

여섯,
역할이 뒤바뀐다고
겁내지 마라

일곱,

쉴 때를
알아야 한다

먼저 전 세계에 흩어져 있는 나의 모든 친구들(오랜 친구와 새 친구)에게 고마운 마음을 전한다. 그들의 격려와 관심이 없었다면 이 책이 세상에 빛을 보지 못했을 것이다.

또한 내가 아무리 멍청한 짓을 해도 창조적인 행위로 인정해주신 우리 어머니, 그리고 사진작가로서의 나의 인생에 멘토가 되어준 데니스 달링(Dennis Darling)에게도 감사하는 바이다. 나는 아빠가 되기 훨씬 이전부터 데니스에게 받은 영감을 통해 내 아이의 사진만큼은 좀 독특하게 촬영하고 싶었다. 아울러 이번 작업을 하는 내내 나의 든든한 안내자요 조력자 역할을 한 스티브 로스(Steve Ross), 우리 가족에게 이런 멋진 기회를 선사했을 뿐 아니라 완성도 있는 작품이 되도록 도와준 로렌 마리노(Lauren Marino), 그리고 서울 체류 기간에 한국의 문화를 알려준 성재우 씨와 앨리스 비의 어여쁜 한복을 직접 지어주신 그의 어머니 이명숙 여사에게도 심심한 감사를 표한다. 앨리스의 반짝이 그림을 담당한 수 졸라(Sue Zola), 내 허접한 초상화를 맡아준 앰버 두식(Amber Dusick), 아내가 없는 동안 앨리스 비를 사랑으로 돌봐준 테리 스키파니(Terry Schipani)와 그 가족에게도 고마운 마음을 전하고 싶다.

사진촬영에 도움을 준 스태프와 모델들에게도 감사의 말을 남기고 싶다 : 크리스티 시오톨라(Christie Ciotola), 마사 닷지(Martha Dodge), 소피아 펠베이(Sophia Falvey), 윌라 펠베이(Willa Falvey), 리사 거스트너(Lisa Gerstner), 히더 홀덴(Heather Holden), 아루나 제인(Aruna Jain), 조 케커리스(Joe Kekeris), 엘리자 코작(Elijah Kodjak), 매트 모리슨(Matt Morrison), 크리스천 노튼(Christian Norton), 카렌 누스바움(Karen Nussbaum), 매기 프리베(Maggi Priebe), 마리 퀸란(Mary Quinlan), 패트릭 퀸란(Patrick Quinlan), 모니카 사만타(Monica Samanta), 토드 스피트(Todd Speight), 수잔나 보건(Suzanna Vaughan)

끝으로 나의 절친한 친구이자 실제로 세계 최고 엄마인 아내 진에게 마음속 깊은 곳으로부터 감사를 전한다.

세계 최고 아빠의 특별한 고백

1판 1쇄 인쇄 2014년 5월 3일
1판 1쇄 발행 2014년 5월 9일

지은이 데이브 잉글도
옮긴이 정용숙

발행인 김기중
주간 신선영
편집 이지예, 강정민
펴낸곳 도서출판 더숲
주소 서울시 마포구 동교로 18길 31(서교동) 카사플로라 빌딩 2층 (121-894)
전화 02-3141-8301
팩스 02-3141-8303
이메일 thesouppub@naver.com
페이스북 페이지 : @thesoupbook, **트위터** : @thesouppub
출판신고 2009년 3월 30일 제313-2009-62호

ISBN 978-89-94418-72-8 13590